高等院校"十三五"应用型艺术设计教育系列规划教材

商 业 空 间 设 计

主 编 鲍艳红
副主编 国娟娟 彭 迪 高日观 刘 瑶

合肥工业大学出版社

图书在版编目（CIP）数据

商业空间设计/鲍艳红主编.—合肥：合肥工业大学出版社，2017.5
ISBN 978-7-5650-3369-8

Ⅰ.①商… Ⅱ.①鲍… Ⅲ.①商业建筑–室内装饰设计–研究 Ⅳ.①TU247

中国版本图书馆CIP数据核字（2017）第124825号

商 业 空 间 设 计

主　　编：鲍艳红　　责任编辑：王　磊	
出　　版：合肥工业大学出版社	
地　　址：合肥市屯溪路193号	
邮　　编：230009	
网　　址：www.hfutpress.com.cn	
发　　行：全国新华书店	
印　　刷：安徽联众印刷有限公司	
开　　本：889mm×1194mm　1/16	
印　　张：8	
字　　数：230千字	
版　　次：2017年6月第1版	
印　　次：2017年6月第1次印刷	
标准书号：ISBN 978-7-5650-3369-8	
定　　价：48.00元	
发行部电话：0551-62903188	

商业空间设计是指用于商业用途的建筑内部空间的设计。从商业空间设计的类型及范围、设计基础知识、色彩设计、灯光设计等商业空间的综合知识，以及商业卖场设计、酒店空间设计、餐饮和娱乐空间等专题设计知识来引导学生认识和掌握商业空间设计的相关内容，并结合大量优秀案例进行分析，使学生按章节、阶段性地逐步掌握每一个知识点。

商业空间设计是具有明确功能要求，同时也要求有不同风格和特色变化的室内设计课程。在掌握了室内设计基本原理的基础上，本课程要求学生深入地研究商业空间设计所具有的特点，并结合空间的功能性质，设计具有各种现代风格特色，并能满足不同用途的商业内部空间。课程涉及总体设计、平面布局、道具装置、色彩灯光、陈设等所有与室内设计相关的内容，并涵盖了构造、尺度、技术、材料和施工工艺等。商业空间设计是一门对功能性有明确要求的课程。现实中，多变的市场需求也对商业空间设计师提出了风格多样这一要求。

本教材在对学习者进行商业空间设计理论指导的同时，也对与室内设计相关的所有内容进行了讲解，同时也包括施工工艺、尺度、技术等方面的设计，注重对学习者风格形成的激发和对室内设计功能性探究的引导。

本教材的编写是集合多位教师智慧的结晶，参与编写的有武汉华夏理工学院的鲍艳红、彭迪、高日观老师，惠州经济职业技术学院的国娟娟老师，长沙环境保护职业技术学院刘瑶老师，他们具有丰富的教学和实践经验。此外，在整个编写过程中，合肥工业大学出版社给予了大力的支持，在此表示诚挚的感谢。

在本书的编写过程中，参考了相关专业学者的研究论著和图片，其中部分文字内容与图片是老师在授课时收集，已不清楚出处与作者，请作者谅解；有部分来源于网上收集作品，在此感谢各位专家学者和设计师为我们创作这些经典设计作品，为学生学习提供了宝贵的资料。本书的出版宗旨是为了教学与研究，若论述中与图片设计理念有相悖之处，出现不妥表达，敬请各位同仁及广大读者批评指正。

本教材在编辑过程中，参考了很多文章和图片，在此向这些文章和图片的作者表示诚挚的谢意！

编 者
2017.4

目录 contents

第一部分 基础知识

第一章 商业空间设计概述 ········ 6
第一节 定义 ········ 6
第二节 特征 ········ 6
第三节 历史 ········ 9
第四节 发展趋势 ········ 12

第二章 商业空间的分类与消费心理 ········ 16
第一节 空间类型 ········ 16
第二节 空间类型与消费心理 ········ 21

第三章 商业场所环境要素 ········ 29
第一节 商业场所环境分析 ········ 29
第二节 商业空间设计前期策划 ········ 32
第三节 商业空间环境可持续发展 ········ 35

第四章 商业空间设计要点 ········ 37
第一节 商业空间色彩设计 ········ 37
第二节 商业空间的照明设计 ········ 41
第三节 商店门面设计 ········ 45
第四节 固定装备与设备 ········ 49

第五章 商业空间设计流程 ······ 52
第一节 前期项目调研和总括方案设计 ······ 52
第二节 方案设计阶段 ······ 55
第三节 汇报设计方案 ······ 59

第二部分 专题设计知识

第六章 展卖空间 ······ 69
第一节 展卖空间概述 ······ 69
第二节 展卖空间规划 ······ 78
第三节 展卖空间细节设计 ······ 81
第四节 展卖空间创意与表达 ······ 91

第七章 餐饮空间 ······ 101
第一节 项目调研分析 ······ 101
第二节 餐饮空间设计程序 ······ 101
第三节 餐饮空间项目基础知识 ······ 102
第四节 餐饮空间项目专业知识 ······ 107
第五节 空间设计细节 ······ 110
第六节 餐饮空间创意与表达 ······ 113

第八章 休闲娱乐空间 ······ 117
第一节 项目调研 ······ 117
第二节 休闲娱乐空间规划 ······ 119
第三节 休闲娱乐空间细部设计 ······ 121
第四节 休闲娱乐空间创意与表达 ······ 124

参考文献 ······ 127

第一部分 基础知识

第一章 商业空间设计概述

授课形式：（1）计算机及多媒体教学
　　　　　（2）课题量化
　　　　　（3）实验性教学
　　　　　（4）社会实践
学习目的：（1）了解商业空间和酒店及餐饮空间的发展演变
　　　　　（2）掌握现阶段商业空间的特征及发展趋势
学习重点：商业空间的演变历史

第一节 定义

商业环境是现代城市环境中不可或缺的组成部分，随着人类社会的发展、人类商业活动领域的扩展，商业环境的范畴也从商场购物环境扩大至城市、地区、国家甚至国际的活动领域。

商业空间设计是一门将经营主题、经营者、商品、消费者融入原建筑结构中，通过创新理念，完美组合灯光、材质、色彩，以服务生活、提高生活品质、引导消费理念和审美品位为目标的多学科交叉融合的设计活动。

狭义的商业空间是指单纯的商业卖场活动场所，如百货商店购物广场、超市、专卖店等。广义的商业空间是指提供有关设施服务或产品以及满足各种商业经营或服务活动需求的场所，除各种商业卖场外，还包括宾馆餐饮娱乐等服务性的经营场所。

构成商业活动的三大基本要素是人、物和载体，自从有了商品交换的集市，就有了最早的商业环境场所。随着人类社会的不断进步和市场经济的迅速发展，现代商业空间的综合规模不断扩大，种类不断增多，人们不再只是满足于商业空间功能和物质上的需求，而是对其环境以及对人的精神影响上也提出了更高的要求。

第二节 特征

现代意义上的商业空间在随着时代的发展变化中呈现出多种多样的新的形式和功能，狭义上的现代商业环境空间则具备以下几种特性。

1. 标志性

商业建筑内外环境的形象构成了现代城市环境形象的主体，其中在单体和群体的商业建筑形象中，以群体商业建筑内外环境形象比较突出。在城市中见到的具有现代特色的大型商业广场、商业步行街、超级购物中心以及大型商业综合体等商业建筑内外环境，都是构成现代城市环境的重要元素，并成为现代城市中形象突出的标志性建筑。

2001年，武汉中商集团引进国外超级商业模式"shopping mall"，在徐东平价广场对面圈地近20万平方米，投资7亿元，兴建武汉商界航母——"销品茂"。目前，销品茂人流量达5万人，周末8万~15万人，每天进出的车辆5000辆，高峰期七八千辆。如今的徐东路，一个蔚然兴起的新城市中心，中央居住区的轮廓初露端倪。（图1-1）

图1-1

2. 实用性

功能决定形式，形式为功能服务，任何一个商业空间的设计首先应满足使用功能的需求，特别是主要功能的需求。

空间的主要功能是实用性，设计形式再丰富，最终都将落实到实用功能上。商业空间总体格调需要充分体现现代商业空间的经营特点、商品特点、顾客构成和商品流行趋势，通过设计造型要素及平面信息文字图形传播最新商品动态，商业空间是信息的空间。再者，遵循现代商业突出商品、诱导消费的原则，商业空间设计对提高商品附加价值有着不可估量的作用，表现为借助灯光、色彩、材质等凸显商品效果或利用对比、变异等设计手法形成视觉中心点，达到突出商品、诱导消费的目的。最后，引领消费理念，提高生活品质与审美品位。

整个空间中运用较好的视觉导视系统，形式感强，采用贴、画、挂等不同形式营造信息传递方式，并将视觉与界面相结合，使空间层次更加丰富而富有变化。（图1-2、图1-3）

一个好的商业空间设计不仅需将建筑、经营者、商品本身、消费者较好地融合在一起。而且还能向进

图1-2

图1-3

入此空间的人传达新颖消费理念、引领新文化与审美品位，以提高人们生活品质。总的来说，现代商业空间功能设计都是围绕商品展开的，对于商品而言，具有陈列展示、储藏和出售的功能；对于顾客和消费者

而言具有购物消费、文化休闲的功能;对于商业行政人员和销售人员来讲又具有办公、工作和职工文化生活的特征。

3. 艺术性

商业空间设计的艺术性体现在商业空间设计的内涵和表现形式两个方面。商业空间设计的内涵是通过空间氛围意境及带给人的心理感受来表达艺术性。商业空间设计的表现形式主要是指空间的适合韵律美、均衡美、和谐美塑造的美感和艺术性。

商业空间设计与其他空间相比,更加强调艺术性。设计艺术性首先表现为设计反映经营理念,经营本身就是一门艺术,设计是经营艺术的优化剂,设计者通过对空间布局、商品种类和品牌的合理组合,实现经营可视化与可感化,准确地向消费者传递信息,实现销售目的。

如何富有艺术性地展示商品并传递商品信息,需要从空间氛围的整体艺术性入手,设计中具体表现为空间布局、色彩、材质、灯光、体量等艺术化处理,杜绝平淡无趣。通过灯光、色彩、陈列韵律、节奏较好地把商品展示给消费者,由此吸引消费者眼球,激起消费者的购物欲望,这个也是商业空间中设计的价值所在。(图1-4、图1-5)

图1-4

图1-5

4. 展示性

商业空间设计中不容忽视的特点之一便是展示性,商业空间是展示的空间,由陈列展示商品步入艺术追求行列。展示过程是一个不断变化的过程,并随着人的心理变化,起着诱导视觉的作用,可见商业空间是流动的空间。然而,为取得良好的展示效果,需要设计师深层次地了解商品特点以及商品设计与制造者

图1-6

图1-7

想要向消费者传达的商品品质，这样才能在设计中做到有的放矢，大胆创新，收获理想效果。

作为商品属性及商业活动的制约因素，集中表现在商品展示、信息展示、风貌展示、功能展示等商业活动功能方面，甚至构成商业环境的"环境"本身也是一种展示行为。（图1-6、图1-7）

第三节 历史

商业活动是人类征服自然、改造自然最基本的实践活动之一。它是在生产力发展到一定水平，有了社会分工和生产剩余物资以后才逐渐产生的。其初始的萌芽状态是生产者之间直接的物物交换，发展到后来才有商业这种交换形式。

商业营销环境是伴随着社会分工和商品生产出现的，它是人们在现实生活中沟通生产和消费者的桥梁与纽带，是消费市场买卖双方进行商品交易活动的空间场所。它与人类相伴至今，并伴随着社会变化、时代发展、科技进步、生活改善，从原始时代以物换物的露天交易场所，演变成今日的国际商业贸易体系。它留下了长远的历史，沉淀了人类宝贵的商业文化遗产。

1. 中国商业建筑内外环境的演变

早期的商业行为发生于原始社会，至今已有六七千年的历史。在原始社会，被称为商业核心的"市"是在一个共同体中运行的。可以说，它是通过和其他部落、地域进行剩余产品交换活动而逐渐发展起来的。这种物物交换都是在露天场所进行的。这就是《易经·系辞下传》中所说的"神农氏作……日中为市，致天下之民，聚天下之货，交易而退，各得其所"。现在在中国西南地区的墟场上，还可以见到这种原始交易的痕迹。（图1-8）

图1-8

随着社会生产力的发展，用于交换的产品越来越多，商品交换的频率越来越高。商业的产生，促进了城市的发展。由于最早的商人大部分是贩运商人，随着商品经济的发展，一部分运输商人逐渐独立出来，变成了坐商，这就在城市中形成了从事物品交易的固定地点，并逐渐发展成为交易的市场。

城市逐渐发展到有商业地区，独立的店铺建筑就出现了，院落式的房屋不利于门市经营，店铺要面对街道，吸引顾客，于是出现了四合院之外的沿街建筑。这种两层以上的沿街建筑形式的出现代表另一种房屋体系的发展。

在我国古代，商业活动主要分为两个阶段，以宋朝为一个分水岭。

宋朝以前的春秋时期，出现了"坊市制"，这是一种在《周礼·考工记》中记载的古典矩形市场，它不仅促进商品交换与交易市场的建立，还推动了居民点的分化与集中，促进了城市的日益繁荣。市四周设有围墙，和住宅区隔开，交易只能在市内进行。市门有人看守，按时开放。为了方便顾客购买和官府检查，店铺在市内按照商品种类排列。坊市制在隋唐时期发展到了极盛，市场有专门官员管理，在繁华的大城市里出现了夜市，特别是扬州，夜市更盛。王健诗"夜市千灯照碧云，高楼红袖客纷纷"，就是对扬州夜市盛况的描写。这是城市中商业发展的必然结果。同时，商业也逐步向农村延伸。

宋朝以后，随着手工业的发展、商品经济的流通、海外贸易的兴盛以及城市的扩大与发展，作为商业交易的空间场所，势必需要适应新环境的要求，由原来封闭的空间要求成为更开放自由的空间交易场所，随着时间的推移，这种矛盾最终导致坊市制的最后崩溃。

坊市制崩溃后，商业网点的分布和交易衍生为两种格局：一种为自由分散式布局，不再受同行街的限制；一种是同行商铺仍然集中在一起，其间夹杂非同行店铺、住宅、官衙等。基本情况为一般的零售店铺和饮食业根据消费者的购买情况，大部分分散到各街各巷，而一些贵重商品的商铺和批发贸易的商品则大部分集中在某个街巷。如金银、彩帛、香药等形成相对高端的商业街，一般生活用品如纱行、肉行、酱醋行等形成大宗批发集中的交易场所。在市坊分区的空间限制被取消后，商业活动在时间上的限制已全部打破。城市里不但各街各巷每日进行频繁的商业活动，而且发展成在一定地点、一定时间里的专门性集市。如庙市就是一个规模很大的定期百货市场，此后庙市一直成为一种传统的商业形式。

从此，人们开始以固定店铺的形式从事商品交易，把商品陈列在一种叫"棚"的台板上，从而形成了商品展示的雏形。

从1949年10月新中国成立开始，中国商业建筑内外环境就开始步入现代，并成为现代城市的重要标志。新中国成立初期，国家为了恢复经济，对城市商业建筑进行了改建、扩建，而新建的大型商业建筑极少。城市的主要商业设施是通过公私合营而形成的在国家计划经济下的国营商业网点。这种商业形式比较单一，仅仅满足消费者的使用需求，而商业空间的形式、艺术性均为次要。一些大型建筑则通过扩建、改造，变成大型的百货商场，如北京市百货大楼。这个时期的商业建筑只是提供一个商品流通的空间场所。（图1-9）

图1-9

进入改革开放时期，国家实施对外开放政策，通过对经济体制的改革与调整，我国经济发展迅速，带来了城市商业市场的活跃景象。为了更好地适应经济的发展，满足消费者的需求，商业销售环境在经营方式上发生了重大的变化，主要表现在从以企业为中心的经营观念转化为以消费者为中心，确定了商业销售环境为消费者服务的宗旨。而商业经营思路的转变，则带来了巨大的经济效益。

随着经济的持续发展，商品种类和总量的极大丰富，人们的消费需求逐渐饱和，购物心理也日益成熟，对商品的要求不仅仅停留在基本需求上，开始追求更高层次商业的诉求行为。同时，在市场经济的冲击下，商家的竞争日渐激烈，商城环境的规划、设计与建设也面临更严峻的挑战。在这样的环境下，商品经营环境的模式，由单一的购物空间逐步发展成集购物、休闲、娱乐为一体的综合体环境。这些商业经营环境的建筑内外空间装修得精致典雅、富丽堂皇，富有浓郁的时代气息。这些购物场所，既满足人们的购物、娱乐、美食和休闲，又激发人们的审美趣味，成为新时代下具有城市特色的标志性建筑。例如中国国际贸易中心、上海的新世纪商厦等均属于此类。（图1-10）

图1-10

近年来，商业经营环境在提高管理、经营与设计水准的基础上，迎来了更高层次的商业经营环境建设

第一章 商业空间设计概述

的热潮，出现了大型的超级购物中心，如上海的正大广场、武汉万达商业广场，使得城市商业经营环境的建设逐渐从单一、集中转向多元化、专业化的方向发展，这对环境设计师也提出新的要求。（图1-11）

2. 外国商业建筑内外环境的演变

古希腊和罗马在建筑艺术和室内装饰方面已发展到很高的水平。古希腊雅典卫城帕特农神庙的柱廊，起到室内外空间过渡的作用，精心推敲的尺度、比例和石材性能的合理运用，形成了梁、柱、枋的构成体系和具有个性的各类柱式。古罗马庞贝城的遗址中，从贵族宅邸室内墙面的壁饰，铺地的大理石地面，以及家具、灯饰等加工制作的精细程度来看，当时的室内装饰已相当成熟。罗马万神庙室内高旷的、具有公众聚会特征的拱形空间，是当今公共建筑内中庭设置最早的原型。（图1-12）

在古代希腊，城市的中心广场（Agroa）不但是人们祭祀神灵、举行集会、节日活动的欢庆场所，也是进行商品交换的市场。一般在广场上均建有长长的列柱敞廊，最初是多种活动使用的空间，然后逐渐让位于商业交易，成为商业集中活动的市场。如建于公元前2世纪的雅典敞廊市场，规模宏大。敞廊进深较大，在其中部设一排柱子将进深方向分隔成前后两进，前面一进为交易场所，后进设小间，可供堆放货物或洽谈贸易。亦有许多敞廊为两层的，敞廊前设有宽五米左右的平台与广场相连。各种社会活动随着商业活动云集于此，在这个充满活力的动态环境中，商业占有重要分量。（图1-13）

19世纪中叶，由于经济、技术的发展，交通工具有了新的发展。当有轨马车作为城市公共交通工具而被采用后，随着人们通行活动的范围的扩展和主要交通干道人流的集聚，原来散设在各街坊内的店铺，渐渐向着人们来往频繁的交通干道迁移，占据有利位置以扩大经营。这种商店与人流的集聚，互为因果，相互促进，致使街道日趋繁华，商业街及商业中心区初见雏形。

到1852年，在巴黎出现了世界上第一座百货商店。由于其经销商品种类的丰富多样，建筑规模庞大和其商品明码标价，薄利多销，欢迎顾客入店选购的服务方式符合人们的购物心理，一跃成为举世瞩目的经验形式，很快在

图1-11

图1-12

图1-13

图1-14

各国兴起，成为商业街中的主体商店。它以巨大的体量占据街道转角部分的最优经营位置，迫使其他小商品在经营上向着商品专业化和饮食服务行业转移，以致逐步形成在城市干道路口、街道转角处布置大型综合商店，而街道两旁并排排列多家专业商店和服务行业的典型商业街布局。这种传统方式，不但在欧洲各城市中被大量采用，而且流传到世界各国，影响极广。（图1-14）

郊区购物中心（Shopping Center）早在1920年就已在美国出现，但在50年代才得以发展。除了现代工业技术发展，导致城市人口密度增加，用地紧张、交通混乱的原因外，还有其适应当时生活方式的特点。家庭中大量家用电器和自备汽车的使用，使购物规律和周期发生了变化。在节假日，人们举家乘车出游、购物、休息，要求购物环境横向发展，内容多样化。因而零售商抓住这一时机，在郊外行车方便的高速公路旁，选择环境适中的地段，建设大型的购物中心，既保留了传统商业街中大型综合商店与专业商店相结合的优点，又增添了饮食服务、娱乐游艺、健身体育、文化等多方面的设施，形成了商品丰富、服务齐全、环境优美、交通便利的综合生活服务中心。其内容投顾客所好，对男女老幼均有吸引力，因而很快受到欢迎，在世界各国兴起，发展成为商业建筑中一种重要形式。如美国达拉斯商廊购物中心。（图1-15）

图1-15

第四节 发展趋势

欧美城市商业中心区的兴衰，我国商业空间的特点及发展，为我们展示了人在商业空间中不可替代的作用，而工业革命后只重功能的建筑设计，使人与社会、自然隔离开来，人们希望再次拥有高情感、人情味、亲切的城市空间与人际交往的空间。

城市商业空间作为生活空间系统的一个子系统，包容在整个生活系统中并与之同时发展。商业空间是"浓缩"的小社会，聚集着各种各样的城市生活。人们希望在繁忙的工作之余，在商业空间中满足自身多样需求、融入城市生活并寻求自身的社会归属感。基于以上原因，现代商业空间正逐渐走进城市生活，呈现多层次向城市开放的趋势。城市与建筑的边界也由于功能的复合而变得更加活跃，更适合交往的发生与发展。

现在，"购物"已作为一种综合的娱乐活动，娱乐、休闲成为主要的心理需求。现代商业空间已不是单纯的购物空间，而呈现为一种超级结构——功能组织上出现重合化、集约化的倾向，空间功能更加暧昧。于是美容健身、饮食、休闲等各种活动集合于此，共处于不同层次的开放空间中，在满足人们个性化需求的同时，与购物空间相互协作吸引城市人流。现代商业空间的多功能融合使人们多层次购物成为可能。

现代城市商业空间总体呈现出多层次的空间整合的发展趋势。

1. 绿色生态可持续发展

（1）低碳环境

低碳意指较低（更低）的温室气体（二氧化碳为主）的排放。随着世界工业经济的发展、人口的剧增、人类欲望的无线上升和生产生活方式的无节制变化，世界气候面临越来越多的问题，二氧化碳排放量越来越大，地球臭氧层正遭受前所未有的危机。全球灾难性气候变化屡屡出现，已经严重危害到人类的生存环境和健康安全，即使人类曾经引以为豪的高速增长或膨胀的GDP也因为环境污染、气候变化而大打折扣（也因此，各国曾呼唤"绿色GDP"的发展模式和统计方式）。

人类生存在地球的环境空间里，一切活动的目的只是考虑自身的舒适与满足，很少顾及与我们共生的其他生命及整个自然环境的现状。无所顾忌地开发、开采，在消费、消耗天然能量的同时，释放出大量的二氧化碳。使地球的生态平衡遭受严重的破坏，从而引发了各种自然灾害。于是，环境问题已经成为当今影响人类生存和发展的焦点问题。2009年底，联合国在丹麦首都哥本哈根召开了有史以来规模最大的一次环境气候大会，为今后全球各国共同应对温室气体谋求方法。据此，人类生活产生了一个新的生活方式观念，即"低碳生活"。

（2）低碳设计

在商业空间设计领域，材料的更新已更加强调无污染与无公害。从黏合剂到现场施工的工艺操作，均需考虑到健康设计的问题。另外，对旧的建筑材料的再次使用也逐步被人们所提倡和接受。

设计工作应该成为"减碳"的重要角色，因为商业设计工作不仅是为人们的社会生活增加艺术情趣，更会直接影响人们的生活行为甚至是生活习惯。

目前，欧盟、美国、日本都将建筑业列入低碳经济、促进节能和克服金融危机的重大的领域。欧洲近年流行的被动节能建筑，可以在几乎不利用人工能源的基础上，依然能够使商业空间环境的能源供应满足人类正常的生活需要。美国实验室主要研究领域之一就涉及商业环境的节能低碳，德国的建筑研究所把建筑热工学、建筑声学与商业空间设计有机结合起来。在日本建筑师看来，低碳建筑并不是一个新名词，他们早在20年前就开始在商业建筑界践行。

2. 以人为本

人终究是空间的使用者，由于人的存在空间才具有意义。人的活动影响着空间形式的变化。历史上繁荣的商业景象、现代商业空间的发展趋势均表明，在城市中，只有适应人的购物及社会生活的商业空间才会呈现繁荣的景象，并同时提升城市公共空间的活力。

随着现代商业空间的功能需求日趋复杂，引起人们关注商业空间与人的社会生活的关系的探寻。

（1）注重人的心理情感需要

现代商业空间设计随着社会的发展和时代的推移已经提升到了一个新的高度，突出了"以人为中心"的原则，泛指人们在生活、工作、居住休息和视觉心理各方面都得到至高的满足与和谐。因此，在现代室内设计中人的情感效应会越来越引起人们的关注和重视。现代商业空间设计的发展随着时代的发展、社会的进步、人们审美观念的改变和人体工程学的要求以及建筑业的发展而不断发展和提高，也已逐步成为完善整体建筑环境的一个组成部分。在如今，现代商业空间设计根据功能和使用对象的不同显示出多风格的发展趋势。但需要着重指出的是，不同层次和不同风格的商业空间设计，都将更加重视人们在室内空间中的精神需求以及环境的文化内涵。在经济、信息、科技、文化等方面都迅速发展的今天，人们对物质生活和精神生活提出了新的要求，相应地人们对其活动空间场所，也提出了更高的要求。

（2）注重自然景观的再创造

人类自从诞生以来，就与自然有着密不可分的关系。中国人在传统的"天—地—人"宇宙观指导下，始终信奉"天人合一"思想。人类在经历了人与自然的"适应－依赖"关系和"实践－需要"关系后，终于认识到人与自然和谐共处的重要性，因而越发珍惜、爱护、怀念那绿草如茵、质朴宁静的大自然，并充分利用自己掌握的自然规律和科技来促进人和自然的和谐发展。在商业空间设计中，通过大量引入植物、水体和山石等自然景物，改善室内环境等空间效果，加强内外空间等沟通，进行自然景观的再创造，满足人们对自然的向往心理。（图1-16）

3. 多元化

（1）体现民族化、本土化的文化特色设计

目前很多商业环境空间设计融合了地方风土文化与国际化设计语言，各类艺术形式均有表现，具体到现代商业空间设计中则更多地体现在设计元素的应用上。印尼巴厘岛的风土美质举世闻名，而其成功之精髓不在其现代化的设施，而在其将本土文化与地域语汇融入各项商业空间建设实质中。（图1-17）

当然还有很多商业模式与空间环境仍停留在初级层面。如何将商业环境设计中的本土化、民族化元素和国际化元素相结合将是今后商业空间活动的发展重点。《清明上河图》中在石桥上缤纷热闹的络绎人潮，反映了时代社会的缩影，同样的，商业空间环境的创造也应有这样的一个远景——追求自主、自在且自由的活动机制，也追求适意、艺术且人性的活动空间。上至国际化下至本土化，广至大商圈窄至社区小铺，融入文化、艺术与科技信息可以缩短文化的差距，也可以消除语言的隔阂，是商业空间设计中不可取代的媒介。（图1-18）

图1-16

（2）艺术化与生活化

受经济增长的驱使及人们艺术欣赏水平提高等因素的影响，另类的商业环境也大行其道。如可以自己参与制作的陶吧、专业特色鲜明的画廊、品味文化和感受清净的茶馆等已成为很多人的生活消费必需。这些艺术化的商业环境是和生活方式的变化及时代的需求紧密相关的，同时也反映出了传统生活方式与消费活动的互动性关系，从艺术的角度出发则代表着人们对生活层次的追求、人本情感的宣泄和自我表现的渴望。

图1-17

（3）大众化与个性化

艺术性个性化主题商业空间已不只是一种单纯的口号，它已成为一种生活方式的体验。货品的多寡与否在很多时候并不重要，购物行为与商业模式也不只是金钱交易，它已更深一层地代表着人与人之间的交流

图1-18

融通，各类个性化的餐馆就是很好的写照。

而另一方面，商业的大众化、传统模式的应用也被演绎得淋漓尽致。当然这也代表了另类消费者的需求和商业活动中的市场定位。

课后任务：

选定设计课程为"社会调查"。要求学生到周边的商业场所实地考察，根据亲身感受，就课程内容中的一个或两个知识点，谈谈自己的看法或理解。

第二章 商业空间的分类与消费心理

授课形式：（1）计算机及多媒体教学
　　　　　（2）实验性教学
　　　　　（3）作业情况
　　　　　（4）社会实践
学习目的：（1）了解商业空间不同种类的空间类型划分及特点
　　　　　（2）了解心理因素对商业空间设计的影响
学习重点：掌握消费心理需求与空间类型的特点

第一节 空间类型

从纵向上看，商业空间设计自远古时代至今发生了重大变革，各时期具有不同的风格和特点；从横向上看，由于不同的商业活动、不同的文化背景，商业空间设计也形成了不同的风格与特征，这也决定了商业空间分类的多样化。

1. 按经营模式分类

（1）自营模式

商场将自己生产或采购的商品尽心销售而获取利润。如沃尔玛和屈臣氏，不仅通过其全球采购系统，在全世界批量低价采购所需商品用于销售，而且都有自己的同名品牌商品在店内销售，通过他们的商标注册权限和生产权限在一些生产加工基地直接生产所需商品用于销售。（图2-1）

图2-1

（2）联营模式

选择和生产或代理厂商合作经营，零售商提供场地设备和商业管理并代理收银，生产或代理商提供品牌形象维修、商品和销售人员，零售商按照每月实际的营业额提取10%~30%的利润抽成，其余货款按月结算给对方。大部分的百货商场都采用此种方式经营，风险小、获利高、收益稳定。

（3）代销模式

由零售商提供销售场地，进行经营管理、货架陈列，安排销售人员，统一收银，厂商只需提供商品，按照销售量结算的一种模式。商场一般按照厂商提供商品的成本价顺加10%~15%的利润抽成，一般的生活超市较多采用此方式。

（4）租凭模式

一般商场除了各类商品销售的布局外，需附加有部分服务性的经营项目如餐饮、美食、美容健身、影楼影院等带动人气和客流，此类项目经营的场地和设施要求较特殊，商场一般将某些局部如顶楼、拐角出租给上述经营者，由其自行经营管理。商场收取租金，但仍然对其日常运作进行监督和协调，使其独立运营但又统一到商场的整体运作中去。

（5）连锁经营模式

连锁经营模式一般是指经营同类商品或服务的若干个店铺，以一定的形式组合成一个联合体，在整体规划下进行专业化分工，并在分工的基础上实施集中化管理，使复杂的商业活动简单化，以获取规模效益。

2. 按经营范围分类

商业空间包括的范围有：食品销售空间；服装销售空间；百货销售（饰品和化妆品等）空间；家居销售（家具、生活用品等）空间；服务业（生活服务、娱乐服务、商品售后服务等）空间。

（1）食品

食品类卖场主要集中在各类餐厅，以及特产类、保健类、糕点类的食品专卖店。一般性食品综合商店的装饰主要集中于门面和店内顶部、柱面和地面。整体设计应简洁流畅，通道方便，照明方面强调能使顾客看清商品及其色泽。门面造型大方，色彩引人注目，且色彩多选用暖色作为商店的主色调。对于品牌型或有一定地方特色的食品专营店，设计以突出食文化为主题。（图2-2）

图2-2

（2）时装

强调时尚性和陈列展示效果，突出商品的流行度和品牌的知名度。对服饰商场等规模较大的专营空间，通过合理的通道划分，以品牌为单位的区域分布，来组织有序的空间关系。利用陈列造型和灯光局部照明，将商品的精致、高雅、时尚衬托出来。空间设计讲究整体感、层次感、节奏感和个性化，具有较高的艺术格调。在设计中需特别注意消费者的性别、年龄、职业等因素对空间造型、界面图形以及色彩的影响。

（3）家居

家具卖场既是家具厂商进行家具整体销售，提供系统产品和售后服务以及信息反馈交流以满足消费者不同服务需求的商业场所，也是企业充分展现其家具品牌文化与生活品位的场所。因此，家具卖场的建设显得十分关键，能承载品牌的核心价值与产品形象，充分展现品牌个性和产品特色，从而在消费者心中留下深刻的品牌印记，最终提升产品的销售业绩。

我国的家具市场销售以家具商城为主。例如，广东的金海马家具商城采用的连锁形式，实施中央控制，集中统一采购管理创新，从而整合了集团的市场网络优势，大大节约了采购成本。上海的吉盛伟邦家具商城以永久展会的形式，率领中国众多家具名牌，集销售、信息、展示于一体，形成与世界家具潮流对话的前沿舞台，是我国家具流通领域首创的规模旗舰。武汉金马凯旋家居以小区域大市场为战略构想，以多种业态并存的形式发展品牌。（图2-3）

图2-3

（4）百货

百货商店，是指综合各类商品品种的零售商店，其特点是：

①商品种类齐全；

②客流量大；

③资金雄厚，人才齐全；

④重视商誉和企业形象；

⑤注重购物环境和商品陈列。

（5）服务业

服务业是随着商品生产和商品交换的发展，继商业之后产生的一个行业。服务业最早主要是为商品流通服务的。随着城市的繁荣，居民的日益增多，不仅在经济活动中离不开服务业，而且服务业也逐渐转向以为人们的生活服务为主。服务业可以在任何地方开展业务，因而也没有地域上的限制。服务业多数直接为消费者服务，有通讯、交通、饮食、洗衣、理发、购物、医疗等多种服务配合。大型服务企业一般采取综合经营的方式；小型服务企业多采取专业经营的形式。

3.按商业业态分类

按照所销售的商品类别、销售方法和销售量及规模大小等因素分成不同的业态：购物中心、超级市场、百货商场、专卖店、便利店（小超市）以及路边摊位等大中小型设施。

(1) 展卖空间

①专卖店

20世纪80年代以后，开始出现专卖店，一般专卖某种品牌的商品。

专业卖场是近几十年来出现的销售某品牌商品或某一类商品的专业性零售店（卖场），以其对某类商品完善的服务和销售，针对特定的顾客群体而获得相对稳定的顾客。大多数企业的商品专卖店还具备企业形象和产品品牌形象的传达功能。（图2-4）

②超市

20世纪30年代初最先出现在美国东部地区，图2-5所示为一个现代超级市场的建筑外观。

这种卖场的特点是占地面积大，地理位置远离中心城区，产品品种以快速消费品和日用品为主，产品价格相对大众化，面向的消费对象是普通的市民，如家乐福、易初莲花、沃尔玛、乐购等。

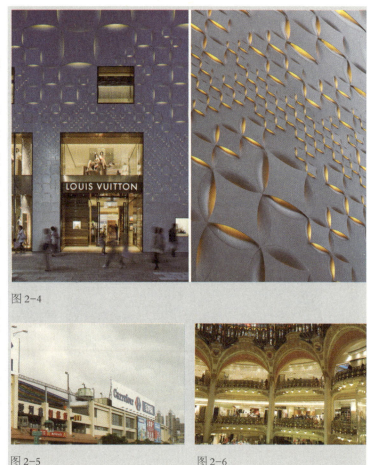

图2-4

图2-5　　　　图2-6

③百货商场

1856年开始营业的巴黎百货店（图2-6）是法国历史和文化不可或缺的坐标之一，超过了一般意义上的购物场所，它是一座历史建筑，此外还能带给您意外之喜，站在巴黎春天百货大楼的九楼家居装饰部，整个巴黎都在您的脚下，从歌剧院到玛德莱娜教堂，从埃菲尔铁塔到蒙马特高地，一览无余，尽收眼底。

这种卖场一般都设在繁华地带，地理位置紧靠中心城区，主要产品以中高档且耐用的消费品（服装、首饰珠宝、化妆品等）为主，产品价格较高，针对的是一些有消费能力的市民，如王府井百货、金鹰购物中心等。

④购物中心

购物中心最早出现于20世纪四五十年代的欧美发达国家。购物中心通常包括百货、超市、餐饮、娱乐等。购物中心通常是指担负一定区域的商业活动中心职能的城市，或一个城市内部商业活动集中的地区。商业中心是各类商业、金融、办公、娱乐、宾馆等机构高度密集之地，由于商业中心生活服务设施完善，生活便利，故在发展中国家往往最能吸引市民定居，使商业中心常住人口密度极大；另一方面，商业中心处于城市心脏地带，能吸引全市乃至外地顾客前来消费，也使商业中心流动人口十分密集。

(2) 餐饮空间

①中餐厅

中餐厅设计应体现经营内容和特色，表现地域特征或民俗特点，富有一定的文化内涵，形成各具特色的装饰风格，或富丽堂皇，或清新自然，或粗犷原始等，满足人们对特定文化特色的需求。

中餐厅的平面布局大致可以分为对称式布局和自由式布局两种类型。对称式布局一般是在较开敞的大空间内整齐有序地布置餐桌椅，形成较明确的中轴线；尽端常设礼仪台或主宾席位。这种布局空间开敞、场面宏大，易形成隆重热烈的气氛，满足大宾馆内的餐厅或规模较大的餐馆接待团体宴席就餐的需求，如对称式布局的中餐厅。

自由式布局则是根据使用要求灵活划分出若干就餐区，以满足特定顾客群的不同需要，一般用于接待散客。可利用园林处理手法进行空间分隔和装饰或包间设计，保证人们就餐的隐私性，如半隐蔽空间分隔。

另外，我国不同的地区与民族对色彩运用也不相同。在设计时，要考虑不同地域人们的喜好不同，区别对待，如北方地区色彩浓重，南方则清新淡雅，少数民族地区色彩特色更为鲜明。（图2-7、图2-8）

图 2-7

图 2-8

②西餐厅

西餐厅是以领略西方饮食文化，品尝西式菜肴为目的的餐饮空间。我国的西餐厅主要以法式餐厅和美式餐厅为主。法式餐厅是最具代表性的欧式餐厅，装饰华丽，注重营造宁静、高贵、典雅的用餐环境，突出贵族情调，用餐速度缓慢（图2-9）。美式餐厅则融合了各种西餐形式，服务快捷，装饰十分随意，更具现代特色。

设计西餐厅时需满足顾客群用餐的私密性要求，布局应注意餐桌间的距离，并可以使用多种空间分隔限定处理手法来加强用餐单元的私密感，如利用地面和顶棚的高差变化限定宅间，利用沙发座的靠背等家

图 2-9

具分隔空间（图2-10、图2-11），利用各种形式的半隔断及绿化等分隔空间，利用灯光的明暗变化营造私密感等。

图2-10

图2-11

③快餐店

在快餐店进餐的人群一般讲究快捷、方便，顾客习惯自助服务。根据这些心理，在设计时尽可能避免人流交叉、碰撞。尽可能使用简洁的矮隔断划分空间，色调明快、亮丽，增进食欲，如橙黄色，能加快餐桌的翻台率。照明应以整体照明为主，简洁明亮，如肯德基、麦当劳等。（图2-12）

图2-12

（3）休闲娱乐空间

狭义的休闲娱乐空间是指单纯的休闲娱乐卖场活动场所；广义的休闲娱乐空间是指能提供有关设施、服务或产品，以满足各种休闲娱乐经营或服务活动需求的场所，除各种休闲娱乐卖场外，还包括宾馆及休闲娱乐、餐饮等服务性的经营场所。（图2-13）

第二节 空间类型与消费心理

图2-13

1.消费者的需要

消费者的心理需要直接或间接地表现在购物的活动中，影响着购买行为，其主要心理活动可以归纳为以下五个方面。

（1）新奇

这种心理需求对展示设计工作具有特别的意义。马斯洛认为："精神健康的一个特点就是好奇心。"对于一个健康的心理成熟者来说，那种神秘的、未知的、不可测的事物更令人心驰神往，这也正是商业环境为什么可以通过展示设计而不断地使顾客保持新鲜感和吸引力的原因。

（2）偏好

某些消费者由于受习惯、年龄、爱好、职业修养、生活环境等因素的局限，会对某些商品或某些商店有所偏爱。

（3）习俗

设计师的设计必须尊重地方的习俗、民俗和服务对象的生活习惯，去创造使顾客认同和喜悦的购物空间。

（4）求名

对名牌商品的信任与追求，乐意按商标认购商品，是不少消费者存在的一种心理。因此，在传统老店、高级专卖店装修更新或展示设计时，必须注重保护老主顾对名店、名货的认同感，既要常常更新，又必须保持一种文脉的延续性。

一个产品声誉的建立，不仅在于款式的新颖和质量的高标准，更主要的是对品牌名作理想的宣传。例如，苹果、佐丹奴、贝纳通、佳依服饰以及 MEXX、FUN 等一些名牌服装，都是通过对专有商标的形象宣传而唤起顾客对这些商品的追求、向往。经验证明，畅销的商品与成功宣传是紧密相关的。广告的意义是让"他们"成为象征，为人们树立起形象，同时也诱使人们去把自己塑造成这一形象。求名的心理似乎会给人们一些启迪，商业形象的塑造，是建立在诱发消费者潜在购买可能的基础之上的。

（5）趋美

仅对商店而言，设计时必须注重的是陈列展示的商品与购物环境的统一。一件美的商品配置一个美的购物环境，必然会使人从心理上得到一个美的享受。在了解消费者各种需求的同时，应努力去创造优美的购物环境。

2. 商店门面与消费心理

商店门面是指商店的外表。消费者对商店的印象（如商店的新旧、大小及商店的经营规模、档次等）首先来自于商店门面的形象，因此，商店经营者应当注重商店门面的设计与维护。

（1）商店门面设计的心理要求

一般而言，商店门面的设计应当达到以下心理要求。

①显示商店个性

商店门面的设计应具有独特的风格或体现出商店的经营特色，以满足消费者求新、求奇的心理或引导消费者进行消费。例如，法国巴黎某水果营业场所的整个外形是"一个剥开了的巨大橘子"，这个"橘子"的开口处就是营业场所的大门，看起来十分诱人，能使消费者对其产生浓厚的兴趣，并迫不及待地走进"橘子"瞧一瞧。又如，"泰国料理饭店"的门面设计通常富有泰国气息，能让消费者通过商店门面了解到该店的经营特色。（图2-14、图2-15）

②体现艺术美感

商店门面的设计应当体现出艺术美感，以便刺激消费者的视觉感官，为其带来美的享受。具体而言，

图 2-14

图 2-15

商店门面的造型应展现出独特的建筑特色，外观图案应富有内涵或具有欣赏价值，色彩应当整体一致并与周围的商业环境相协调。例如，麦当劳的门面设计就极具艺术美感，其"M"标志采用弧形图案设计，线条非常柔和；在颜色上使用黄色和暗红色相结合的方式，使标志的外观非常醒目。其店内采用了柔和的淡黄色灯光，给人干净、舒适、典雅的感觉。其临街面设计成大面积的落地玻璃橱窗，颇具时尚感和美感，令人产生走进店里的欲望。（图2-16）

图2-16

（2）商店门面维护的心理要求

商店经营者应保持门面的整洁，以避免消费者产生抵触感或厌恶感。具体而言，保持门面整洁需做到以下两点：

①尽量不在商店门面上粘贴广告、商品信息等；

②定期对商店门面上的玻璃、窗框、门框进行清洁，并对店前的道路进行清扫。

3.商店橱窗与消费心理

商店橱窗通常以布景道具、装饰画面为衬托背景，并配有色彩、灯光和文字说明，能够对商品进行装饰或衬托，并能对商店外观进行美化，是一种重要的广告形式和装饰手段。

（1）商店橱窗的心理功能

①激发消费者的购物兴趣

橱窗将商品摆在明显的位置上，能使商品看起来更加显眼、美观或能展示商店的经营特色，这能给消费者以新鲜感或亲切感，进而使消费者对商品产生兴趣。

②诱发消费者的购物欲望

橱窗通常具有一定装饰风格、艺术美感和时代气息，能使消费者对摆在其内的商品产生良好的直观印象或产生美好联想，进而产生购物欲望。（图2-17）

③增强消费者的购物信心

橱窗展示实体商品货样时，能将商品的相关信息如实地传递给消费者，并直接或间接地反映出商品的质量可靠、价格合理等，这不但可使消费者了解商品，而且还可增强消费者购买商品的信心。

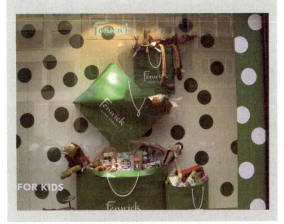

图2-17

（2）商店橱窗设计的心理策略

一般而言，商店橱窗设计的心理策略有如下几种。

①充分显示商品并突出商品个性，适应消费者的选购心理。

即利用橱窗将所列商品的优良品质和个性特征充分地显示给消费者，以便消费者选购商品或作出购买决策。

商店经营者采用这一心理策略时应做好以下两方面工作：

A. 选择理想的陈列商品

理想的陈列商品一般是流行的、新上市的或反映商店经营特色的商品，它们通常美观大方、质量优良，能够给消费者耳目一新的感觉，并能引导消费者进行消费。例如，在春夏交替之际，在橱窗里展示适应夏季的新品服装，能提醒消费者及早选购适时商品；在丝绸商店的橱窗里展示本店的特色丝绸，能使消费者一眼看出商店的特色。

B. 选择合理的展示形式

即根据陈列商品的特点，巧妙地对其进行组合或搭配，使之呈现出各种形态，以便消费者从多个角度了解、观看商品。例如，采用不同姿态的人体模型从不同角度展示服装，可将服装的色彩、样式及穿着的实际效果呈现出来。

②塑造优美的整体形象，给予消费者艺术享受。

即采用各种艺术手段塑造具有吸引力和感染力的橱窗整体形象，使消费者加深对陈列商品的视觉印象，并从橱窗中获得美的享受。

商店经营者实施这一心理策略时，主要应从橱窗的艺术构图和色彩运用两方面入手。

A. 橱窗的艺术构图

橱窗的艺术构图应当层次分明、疏密有致、均衡和谐，能使各种物品显得协调而不呆板，从而带给消

图 2-18

图 2-19

费者一种轻松、舒适的心理感觉。橱窗构图的艺术手法通常有对称法、不对称法、主次对比、大小对比、远近对比和虚实对比等。（图 2-18、图 2-19）

B. 橱窗的色彩运用

橱窗的色彩应与陈列商品本身的色彩、季节的主色调相协调，且在整体上显得清晰明朗、丰富柔和，能够增添陈列商品的美感，并给消费者带来赏心悦目的感觉。（图 2-20）

③利用景物渲染氛围，满足消费者的情感需要。

即利用橱窗中的景物对陈列商品进行间接的描绘和渲染，使橱窗展现出耐人寻味的形象特征，进而使消费者联想到美好意境，满足其某种情感需要。例如，在新春佳节之际，服装店经营者在

图 2-20

橱窗中利用景物道具布置一个春意盎然、百花争艳的花园，使消费者感受到浓厚的节日气息，并对陈列商品产生好感；婚纱店经营者在橱窗中利用景物道具布置一个温馨浪漫的二人世界，使消费者感受到组建家庭的幸福感。（图2-21）

4.内部购物环境与消费心理

商店内部的装饰（如商店墙壁设计、天花板色彩搭配、灯光和音响等）、柜台陈列、商品摆放等能够刺激消费者的感官或感染消

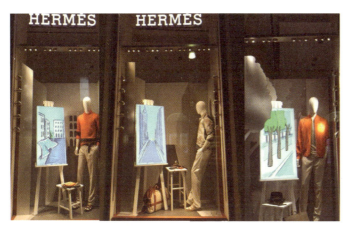

图2-21

费者的情绪。因此，商店经营者有必要了解以上各种因素与消费心理的关系，并据此制定相应的心理策略。

(1) 商店内部装饰的心理策略

①利用灯光照明诱导消费者购物

商店柔和的灯光照明不但具有帮助消费者看清商品的功能，而且具有美化商品、展示店容和烘托气氛的功能。因此，商店经营者可以巧妙地利用灯光照明来吸引消费者的注意力，调动消费者的购物情趣。

利用灯光照明诱导消费者购物的具体方法主要有以下几种。

A. 配置基本照明

这种方法主要是指在天花板上配置荧光灯，以弥补自然光源的不足，增加商店内部的明亮程度，从而吸引消费者注意或为消费者提供方便。当然，基本照明的光线强弱应根据商店主营商品及其主要销售对象而定，以免光线强弱不当或对比过大而引起消费者眼部不适，进而使其产生紧张、厌恶、焦虑等不利于商品销售的心理感受。

例如，消费者选购结婚用品时往往比较细致，因而销售该类商品的商店应配置光线较强的照明设备，以便消费者挑选；对于主要销售对象是老年人的商品，商店照明光线不可过强也不可过弱，以免老年人感到刺眼或者看不清商品。

B. 配置特殊照明

即根据主营商品的特性在商店内部某个位置（如柜台）配置聚光灯、探照灯等，以突显出商品特色，使消费者对商品产生喜爱、珍惜的感觉。例如，为珠宝玉器、金银首饰配置聚光灯，可以增添珠玉的光泽、突显首饰的质感，从而使消费者对珠宝和首饰产生高贵、稀有的心理感觉。

C. 配置装饰照明

即在商店内采用彩灯、壁灯、吊灯、闪烁灯和霓虹灯等照明设备，以美化商品、渲染气氛，使消费者获得美的享受或对商品产生浓厚兴趣，进而实施购买行为。

②利用色彩调节消费者情绪

利用色彩调节消费者情绪的具体方法主要有以下几种。

A. 利用色彩错觉扩大空间感

商店经营者可以利用色彩的远近感调配出合适的色调来扩大购物场所的空间感，改变消费者的视觉印象，并使其产生舒适、开阔的感觉。

B. 利用色彩衬托主营商品

这种方法是指根据主营商品色彩的不同，运用不同的装饰色彩，以衬托商品的形象或增加商品色彩的吸引力，从而吸引消费者注意或刺激消费者的购物欲望。

C. 利用色彩调节因自然因素带来的情绪

这种方法主要是指根据不同的季节或地区气候来调配装饰色彩，以利用色彩的感觉消除消费者因天气、气温等自然因素而产生的不良情绪，使其感到亲切、舒适或兴奋。

③利用音响烘托购物氛围

利用音响烘托购物氛围的具体方法主要有以下两种。

A. 播放广告信息

即通过音响向消费者广播某类商品降价、优惠信息或者某种商品的功能信息等，以吸引店内外消费者的注意力或指导现场的消费者购物。

这种烘托购物氛围的方式在大型百货商场、超市等营业场所比较常见。

B. 播放背景音乐

即通过音响向消费者播放优美的音乐，渲染店内的购物气氛，以使消费者获得美的享受或激发消费者的购物欲望。

④利用空气、气味美化商店环境

调节店内空气、气味的具体方法如下：

对于空气：可增设窗户或气窗，加强空气对流，加设门窗防尘帘，添置花草盆景。有条件的商店应装设空调，实行人工通风和换气。

对于气味：首先，应做好店内外的环境卫生，以消除不良气味。其次，可根据商店主营商品的特性，在店内放置能够散发香味的各种花草或人工香料。

另外，在四季分明的地区，商店还应注意及时开放冷气或暖气，创造温度适宜的购物环境。

⑤利用营业设施提升商店美誉度

有条件的商店可以在店内设置休息室、饮食部、咨询处、临时存物处、电梯等附属设施，为消费者提供更多便利，进而提升商店的美誉度。

(2) 商店柜台陈列与消费心理

商店柜台是摆放商品的载体，其陈列状况关系到商店内部的整体布局，能够影响消费者对商店的整体印象。

①柜台陈列的心理要求

整齐有序：柜台的陈列应当整齐有序，以使店内布局显得协调、美观，给消费者带来赏心悦目的感觉。

方便观看和选购商品：柜台的陈列应当能充分展示商品，方便消费者观看和选购商品，进而增强消费者的购物欲望。

②柜台陈列的方式

一般情况下，柜台的陈列具有以下两种方式。

A. 直线式陈列

直线式陈列是指柜台呈一字形摆开。这种陈列方式的视野比较开阔，便于消费者看清商品，但不利于消费者迅速发现购买目标。

适用于：挑选性较小、颜色对比明显的商品。

B. 岛屿式陈列

岛屿式陈列是指数个柜台围成一个小圈形成一个销售区域，向外展示商品。这种陈列方式可以美化商店布局，扩大商品的摆放面积，并方便消费者迅速查找或发现所需商品。

适用于：钟表、眼镜、化妆品、中西成药等商品。

(3) 商店商品摆放与消费心理

①商品摆放的心理要求

整齐醒目；具有丰富感；具有安全感；便于挑选。

②商品摆放的心理策略

商店经营者在摆放商品时可以采取以下几种心理策略。

A. 将商品摆放在适当高度

这种策略是指根据消费者无意识的环视高度，以及其观看商品的视角和距离，来确定商品摆放的高度，以提高商品被看到的几率，并方便消费者感知商品形象。一般来说，商品的摆放高度应在 1～1.7 米的范围内。

B. 按购买习惯摆放商品

这种策略是指根据消费者的购买习惯和商品特性，将商品分成大类进行摆放，以便消费者寻找。

C. 突出商品的价值与特色

这种策略是指在摆放商品时，有意识地运用各种形式展示商品的实用价值与优良特点，突出商品的美感与质感、局部美与整体美，以刺激消费者的购买欲望。

5. 餐厅市场与消费心理

随着我国国民经济的发展和人民生活水平的提高，饭店消费迅速增长，餐饮企业的竞争成为必然。竞争归根结底是客源的竞争，而培养本企业消费者的唯一途径和关键所在，就是要把握消费者的消费心理。常见的餐饮市场的消费心理如下。

(1) 求卫生的心理需求

基于自身健康和安全的考虑，消费者大多比较注重饮食卫生，要求环境、食品、餐具及服务的卫生要有切实的保障。令人放心的卫生，必须达到两个标准：

①外观上的干净，无水迹、无异物、无灰尘、无污渍，这是视觉与嗅觉的检测标准。

②内在的卫生，必须符合卫生防疫部门的原料检测标准，凡是让客人食用的食品必须全部达到国家的卫生要求。

因此，饭店企业必须严格执行《食品卫生法》，把好食物进货关、储存关、加工关、烹饪关、服务关，抓好餐具消毒、个人卫生和环境卫生工作。

(2) 求快的心理需求

这种"快"体现在两个方面：

①客人来餐厅点菜后，希望饭店能快速提供所需菜肴而不愿过久等待。

②在用餐过程中，一旦消费者提出合理要求，希望工作人员迅速做出反应。

(3) 求美的心理需求

顾客的饭店消费实质上更侧重于精神上的愉悦，是一项综合性很强的审美活动，优美的就餐环境能刺激顾客的消费欲望。消费者不仅要求菜肴、餐具精美，饭店服务人员的仪表和服务完美，而且要求饭店的内外环境舒适美观。

(4) 求新的心理需求

凡是新鲜的、奇异的事物总是引人注目，能激起人们的兴趣。消费者在饭店消费过程中，同样渴望能吃到有特色的菜肴，享受到个性化的服务。例如，重庆大足的"荷花山庄"，巴渝特色气氛浓烈，客人三三两两可以安全地坐在一艘花艇内观看艇外的各式荷花，品尝巴渝小吃，接受穿着古楼渔家服的"渔家女"热情淳朴的服务，令宾客仿佛来到了世外桃源。

(5) 求尊重的心理需求

饭店服务是人对人的服务，若饭店服务不能充分体现"顾客就是上帝"的宗旨，顾客在饭店消费过程中得不到应有的尊重，其他的努力都将付之东流。

(6) 其他心理需求

不同消费者的消费心理是有着明显的个性差异的。例如，有些消费者喜欢借酒消愁，有些消费者喜欢泡酒吧打发休闲时光，甚至还有一些消费者喜欢挑剔或喜欢炫耀等。

我国餐饮行业近年来持续发展，营业额和就业人数都有所增长。目前餐饮企业已经开始重视品牌的塑造，注重企业规模的扩大，注重利用连锁经营和特许经营的方式进行扩张，市场的需求中体现出科学饮食的时尚。随着我国经济及旅游业的发展，餐饮行业的前景看好，在未来几年内，我国餐饮业经营模式将会向多元化发展，国际化进程加快，而且绿色餐饮必将成为时尚。

第三章　商业场所环境要素

　　一个卖场环境的好坏，直接影响到消费者的购买心情，它各方面的设计，比如物理环境、空间环境、视觉环境、文化环境、智能环境等，都是必须要考虑到的。归纳起来，商业场所环境要素总共有动线的设计、中庭设计、店面与橱窗设计、导购系统的设计、配套设施的设计、商业灯光设计这几个方面。

　　下面几节内容中，我们以不同类型的商业场所为例，来进行一些分析。

第一节　商业场所环境分析

　　1. 百货商场

　　下文我们以北京君太百货为案例，对它的商业场所环境进行分析。

　　（1）简介

　　北京君太百货开业于2003年12月，是北京最大的百货公司。它宽敞舒适，地理位置佳，无论是硬件设施、软件服务、卖场设计等都已达到国际化的设计水准，在此购物已经变成消费者高品位生活的一大标志。

　　（2）餐饮特色

　　君太百货引进了多元化的餐饮品牌，中餐西餐各具特色，著名西餐品牌比如肯德基、必胜客、星巴克等，中餐品牌比如避风塘、一茶一坐、外婆家、俏江南、黄记煌等，满足了不同口味的顾客的需求。

　　（3）功能分区

　　君太百货总共63000平方米的空间内融汇了各类生活百货用品，集购物、观光、餐饮和休闲文化为一体，包括服饰、化妆品、健身房、美容院、餐厅等，极大地方便了人们的生活和娱乐。

　　（4）公司运营理念

　　北京君太百货区别于其他商业卖场，有自己独特的运营理念。它突出以人为本，注重服务，一切从客户的需求出发，让顾客从心灵上去感受它的服务和诚意。它只卖流行品、高级品，绝不卖奢侈品，它的目

图 3-1

图 3-2

标是力求将自己塑造成最新的商品、最流行文化咨询、最新的商品知识的品牌商场。

(5) 卖场设计

北京君太百货善于利用走廊立面的玻璃做背景进行光影形式的装饰，使得走廊空间看起来较长；在卖场室内空间上，善于运用简练的线条，突显了卖场中的服装干练的风格特点；整个购物空间在灯光的烘托下，显得晶莹透亮，色彩丰富，其售卖气氛让人心旷神怡。（图 3-1、图 3-2）

2. 商业街

下文我们以王府井商业街为例，对其商业环境做一些分析。

（1）简介

王府井商业街有非常悠久的历史，它一直有非常大的人流量，特别是在节假日。它位于东长安街北侧，这个历史悠久的街道早在 700 多年前就已开始了它的商业活动，从元代开始这条大街就称为王府井，一直都是北京闻名的四大商业圈之一。

（2）空间分析

王府井商业步行街总长有一千多米，宽度为五十米。分为三个不同的交通区，一片是人车混行区，一片是步行区，一片是车行区。

人车混行区是游客的集散区，内设有公交站点、地铁出入口和地下停车场，集中了东方新天地、北京饭店，它采用了白色围栏分隔车行路和人行路，并采用多块小绿地和自行车停放区界隔人行车行路。步行区设有天伦王朝饭店、天主教堂、乐天银泰、天元利生体育商店等。总体分析，它的空间环境存在如下问题：

①空间形态单一，缺乏变化。

②建筑形象杂乱，缺乏完整统一性。

③景观效果一般，绿化严重不足。

④公共设施数量不足，缺乏特色。

针对以上提出的问题，我们对其进行修改探讨，通过这些探讨，我们对商业环境的认识可以有所提高。

①空间形态方面

王府井商业在空间形态的规划方面，主要是过于空旷，这个问题很多方式都可以解决，一方面，可以用树在边缘地带来界定空间，高大的乔木就是一个很好的选择，还可以用一些树来圈出一些休息空间，做一些休闲草坪等，供人们游玩，也让空间片区更多，层次和功能也更多；也可以采用一些外廊式的结构，打造一些趣味式的顶棚空间。

②景观环境方面

在建筑方面，首先应该在保留的基础上进行创新，保留有历史意义的符号，但也要在原有形式的基础上进行创新；在色彩的处理上做到统一，对广告、招幌、标识系统采用相同的形式语言进行统一设计；还需要大量增加绿化，可以大量运用树冠较大的高大乔木在街道两侧，形成绿化主轴，打造完整的绿化系统。这样可以营造出丰富的四季变化景象。

应用地面铺装进行导向性及区域划分，并使用不同的铺装材质，可以把一些大块的铺砖换成亲切的小毛石；景观小品可以在色彩、造型、材质上进行统一设计，并融合有代表性的元素符号，表现出王府井特有的悠久历史意味和文化底蕴，营造出既统一又独具特色的商业空间环境。

③公共设施环境方面

可以把王府井标志性的抽象元素融入公共设施中进行统一设计，形成一系列具有王府井特色的公共设施。比如，增加一些室外景观遮阳伞和指路标识系统等设施，便于人们休闲和为人们提供便利，以此来提高空间内设施的便利性及人性化，这样的设计更科学、合理，可以充分体现出商业空间环境中的人文关怀（图3-3、图3-4）。

图 3-3　　　　　　　　图 3-4

3．购物中心

下文以卓展购物中心为例，来进行一些分析。

（1）简介

卓展购物中心建筑面积13.3万平方米，位于五棵松附近，交通便利。它的管理制度与经营管理体系非常完善。商业空间经营布局合理，是一家著名的百货公司。

（2）功能分区和环境规划

卓展购物中心的布局非常明确清晰，它的每一层都是不同的主题，每一个主题又是不同的展示内容，比如，在现阶段，地下一层为奕采舒苑主题，A座陈列男女休闲和正装鞋，B座陈列卓展超市、高档进口食品及日用品、保健休闲食品、精品蔬果及宠物用品等；第一层为品格国际的主题，主要经营LOUIS VUITTON、CARTIER等国际著名品牌服装服饰、国际品牌化妆品和来自世界各国的珠宝、高级饰品及名表；第二层为型格世界主题，经营国际男士精品服装、皮具、箱包等；第三层为优雅天城主题，经营国际国内知名女装品牌；第四层为炫魅地带主题，经营淑女装、少女装、睡衣及饰品；第五层为动感时空主题，经营国际名牌运动、时尚、户外服装服饰、健身器材等；第六层为米兰长廊主题，主要经营家居用品和家电用品、特色餐厅等；第七层分为两个部分，卓展美食广场和美容院，美食广场汇集了中外佳肴，美容院集美发、美甲为一体，让顾客充分享受娱乐休闲的生活乐趣。

图 3-5　　　　　　　　图 3-6　　　　　　　　图 3-7

(3) 现场设计图片

卓展购物中心最大的设计亮点就在于，它内部是一个逻辑的连贯空间，每个小型展位都通过连贯的浏览动线来连接；善于运用商品展示的高低错落来展示服装，吸引购物。

相对很多城市而言，北京市的商业零售空间环境相对复杂，为了让顾客在商业零售空间内能够更好地享受购物时光，那就得给顾客营造一个舒适、安心的购物环境。顾客已经从相对朴实（满足于有衣服穿）的购买性购物向享受性（穿什么样的衣服好看）购物发展，这是一个整体的发展趋势，这对商业零售空间的设计提出了进一步的要求，顾客对购物环境的舒适性和服务的精致性的要求越来越高。这就要求购物中心都要能扬长避短，吸取一些著名卖场的优点，摒弃不合理的和旧的理念，让我们的商业空间环境越来越好。

第二节 商业空间设计前期策划

在策划一个商业空间前，我们先要了解该商业空间的定位，对它各方面的效果进行预测。它能否为商家和策划者带来利益？能否满足顾客的消费需求？

1. 商业空间设计前期策划的内容

在一个商业空间设计的前期策划阶段，我们应该从以下几个方面来着手：

（1）视觉推销功能

我们要让一个商业品牌具备良好的视觉冲击力，可以加强企业形象系统设计（CIS）、视觉设计（VI）等，用这些手段来促进商业空间的效果。（图3-8）

（2）照明设计

一个好的照明设计不仅能美化空间，还在突显商业环境氛围上有很大的作用。在照明光源、照度、色温、显色指数、灯具造型等方面，我们应该加强分析和设计，以此打造好的商业空间效果。（图3-9至图3-11）

图3-8

图3-9

图3-10

图3-11

（3）造型艺术

毋庸置疑，一个商业空间的造型设计直接映入眼帘的影响到消费者对这个商业环境的视觉印象，一个商业空间的整体艺术风格，店面、橱窗、室内各界面、道具、标示等造型设计等是至关重要的。（图3-12至图3-14）

（4）创新意义

现代商业空间设计应注重创新元素，在整体设计中表现创新力。（图3-15、图3-16）

图3-12

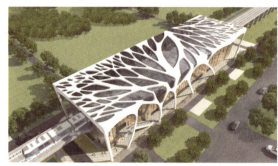

图 3-13　　　　　　　　　　　　　图 3-14

　　　　　　　　　　图 3-15　　　　　　　　　　　　　图 3-16

（5）市场调查分析

在定位一个商业性质前，我们先要详细地调研市场，包括周边的主要竞争对手、消费者的需求等，根据这些来进行具体的策略。在做市场前期调查和分析时，也要注意几个方面：顾客；市场容量和趋势；竞争和各自的竞争优势；估计的市场份额和销售额；市场发展的走势。

（6）商业战略

经过了市场调研这个阶段后，我们就要开始进行具体的营销计划了，它包括这几个方面的内容：定位计划（包括定价和分销，广告和提升）、规划和开发计划（内容包括开发状态和目标，困难和风险等）、制造和操作计划（操作周期，设备和改进）。

（7）品牌文化

对于一个商业来说，它的品牌是至关重要的，一个优秀的品牌文化可以深入人心，并赋予它的商业强大的生命力，我们要充分利用一个商业品牌的号召力和竞争力，并对其进行推广，使它在消费者的生活中成为不可缺少的一部分，比如沃尔玛、万达等。（图 3-17、图 3-18）

图 3-17　　　　　　　　　　　　　图 3-18

2. 商业空间设计前期策划存在的问题

商业空间设计前期策划存在的问题主要有如下几个方面：

（1）房地产市场方面

中国房地产开发泛滥，使其出现小、散、差的问题，很多小区规模小，但企业又过多，这样就造成了恶性竞争、乱上项目、破坏不合理的现象。前期策划就成为一种走过场的形式，这是一个很严重的问题。（图3-19）

图3-19

图3-20

图3-21

（2）发展商存在的问题

很多发展商只追求投资回报，他们善于动用他们的所有社会关系资源让他们的商业利益最大化，但他们忽视了很多商业给消费者带来的人文关怀，导致商业项目的容积率、建筑密度过高，整体商业服务下降。（图3-20、图3-21）

（3）策划公司的问题

①很多开发商对策划行业带有很大的依赖，开发商善于利用策划公司来编造和构想一些新的理念并以此来促进商业价值的获取。

②策划师混为销售商。开发商往往利用策划公司来进行商业地产的销售，而策划公司为了得到自己的利益，善于利用广告宣传和消费者心理来完成自己的业绩，这种情况就造成了商业空间初建目的混淆。

③策划公司的合作中断。在商业空间销售过程中，由于开发方与策划方矛盾的产生，有时会中途中断合作，这大大影响了商业空间使用的进展。

④策划公司与开发商理念的脱节。策划公司在策划的过程中，经常容易慢慢偏离开发商的初衷，这造成了两者理念的脱节。

（4）建筑师存在的问题

市场的恶性竞争使建筑师在设计中对开发商盲从，逐步丧失建筑学在人居环境建设中主导专业的作用。

如今很多建筑师存在如下问题：

①对经济与发展形势以及房地产市场发展态势的不了解，特别是对各类物业潜在需求与有效需求的不了解。

②对房地产政策法规和政府有关措施的不熟悉。

③对项目周边的居民和对周边同类楼盘缺乏了解和调研。

第三节 商业空间环境可持续发展

随着城市现代化建设日渐深入，城市建筑越来越多、城市空间越来越拥挤，使得商业空间设计成为大众关注的焦点。为了确保城市建筑与城市环境相和谐，生态元素在商业空间设计中的应用越来越广泛，并得到了社会大众的认可和喜爱。为了进一步发展商业空间设计理念，本节对商业空间可持续发展的理念和商业空间环境可持续发展的措施进行介绍和分析。（图3-22）

图 3-22

1.商业空间环境可持续发展的概念

首先，介绍一下可持续发展的概念。它是对相关问题进行策划一系列可持续解决方案的策略设计活动，要均衡考虑到经济、环境、道德和社会问题，以此来引导和满足消费需求，维持需求的可持续供应。可持续的概念包括环境与资源的可持续和社会、文化的可持续。它要求人和环境的和谐发展，既能满足当代人需要又兼顾保障子孙后代永续发展需要的产品、服务和系统。建立持久的消费方式、建立可持续社区、开发持久性能源等技术工程。

图 3-23

这种设计体现在自然属性、社会属性、经济属性和科技属性四个方面。就社会属性而言，它是在生存于不超过维持生态系统涵容能力的情况下，改善人类的生活质量（或品质）；就经济属性而言，它是在保持自然资源的质量和其所提供服务的前提下，使经济发展的净利益增加至最大限度。

2.商业空间环境可持续发展的措施

我们要贯彻商业空间环境可持续发展的原则，设计一个商业空间项目时要充分考虑该地段的气候与地域因素，要从健康、舒适、节约能源、保护环境等方面来进行可持续设计。比如如何让原材料最高效化地使用，如何循环使用废弃材料，如何运用最新的技术手段等。但是，这些并不意味着我们只是运用一些故弄玄虚的表演来演示可持续发展的设计，而是应该真正通过对空间、功能、结构形式、材料及活动过程本身等多方面元素的整合设计来实现可持续发展的理念。通过这种可持续的商业环境设计，带动全民的可持续消费方式和生活方式，这样我们才算是真正实现了可持续发展的商业设计模式（图3-23）。总结起来，可持续发展的商业设计可以从如下几个方面入手：

（1）商业环境的生态设计

我们应打造一种生态化的商业环境，促进一个商业系统的良性循环，保持人与环境关系的持续共生，在追求商业经济发展的同时，应权衡生态环境的和谐发展，同时修复受损的生态系统，多采用一些生态保护对策。总体来说，商业环境设计应多挖掘生态、环保的理念，让经济效益与生态环保相平衡。（图3-24）

（2）商业环境的节能设计和再生利用

在人类文明迅速发展的今天，人们对建筑的要求不仅仅是美观、坚固，更多的是考虑到环保节能的问题。人类生活质量的改善，外加政府时时倡导的环保节能理念，因此，在建筑过程中减少资源和能源的消耗，符合生态要求，同时还能保证建筑的使用功能、美观和舒适度，是现代建筑的最主要目标，也是建筑行业可持续发展的重要策略，还能促进我国建筑行业的转型。商业环境的节能设计需注意以下方面：

①注意商业建筑的朝向间距。建筑朝向的选择原则是冬季能避开主要风向的同时能够获得充足的阳光，夏季则能够最大限度地利用主要风向获得通风并且能避开太阳的强烈照射。在实际的建筑设计中，建筑的朝向选择需要考虑的因素还有选地的地理位置、城市规划以及气候条件等，综合考虑这些因素以达到环保节能的理念。

图3-24

②注意商业环境中室内装修的材料。新建筑的设计最好同时考虑节能环保，老建筑翻新则保证节能环保贯穿老建筑改造的过程中。建筑设计师在设计建筑的时候鼓励住户使用白色或者浅色系的涂料粉刷外围墙体，可以有效地降低建筑的传热效果，增加建筑外墙的隔热保温效果。尽量选用当地的材料并巧妙地利用材料，创造材料的可循环利用，以减少对能源的消耗。

③在商业环境中实现建筑设计全面绿化。例如引进自然要素，将水池、喷泉、瀑布、山石、花草、树木等自然物直接引入室内（图3-25、图3-26）。这种做法在商场的共享大厅、步行商业街等公共活动空间中的运用最为普遍。就环境生态设计而言，其核心是"3R"原则，即在设计中遵循少量化原则（Reducing）、再利用设计原则（Reusing）、资源再生设计原则（Recycling）。这对美化环境、提高人居生活质量具有重要作用。树立绿化观念，是"以人为本"的理念的重要体现，它可以促使人、自然、社会形成良性循环，实现优势互补，这对净化空气、保持水土、防尘减噪、保护墙体、陶冶个人情操等具有重要意义。（图3-27、图3-28）

图3-25　　　　　图3-26

图3-27　　　　　图3-28

第四章 商业空间设计要点

第一节 商业空间色彩设计

1. 色彩设计哲学

设计师绞尽脑汁去表现每种色彩的特质，为的是表达设计师的设计意图和传达设计美感。

色彩的运用是门学问，它在设计中的地位非常重要。色彩涉及的学科包括美学、光学、心理学和民族学等等。心理学家近年来提出许多色彩与人类心理关系的理论。他们指出每一种色彩都具有象征意义，当视觉接触到某种颜色，大脑神经便会接受色彩发放的信号，产生联想。例如：红色象征热情，于是看见红色便令人心情兴奋；蓝色象征理智，看见蓝色便使人冷静下来。经验丰富的设计师，往往能借助色彩的运用，勾起人们心理上的联想，从而达到设计的目的。

2. 室内色彩的审美性

大自然中，色彩丰富多彩，各种各样的色彩均通过视觉反映到人的头脑中，产生种种色感。自古以来，人就在日常生活中使用着颜色，并享受着色彩变化带来的欢乐。人们在自己的生活中也利用色彩来表达自己对美的感受。美是人们日常生活中不可缺少的一部分，色彩美始终左右着人们的情绪，使人产生审美愉悦。

图4-1 色彩对比美的运用

（1）色彩的愉悦性

通过对比、衬托等手段对色彩进行调和，才能产生审美愉悦。（图4-1）

设计作品的美是综合了形态、色彩和材质而产生的。然而，看到作品的瞬间，首先诉诸眼睛的是色彩的组合效果，也就是色彩美。用相同的材料构成的室内空间，虽然其形状相同，但由于色彩调和或配色上的差异，却会形成温暖的或寒冷的、华丽的或朴实的、强烈的或柔软的、明亮的或阴暗的环境气氛，表现出不同的感情效果。同时，由于色彩匹配的调和或不调和，也会给人以愉快或不愉快的感受。实际上，独立的色，并没有美与不美的区别，通常，只有当两种以上的色进行不同的组合后，才会产生美或不美、协调或不协调的感觉。如一块绿色和一块红色，很难说谁美谁不美，但通过"万绿丛中一点红"的组合形式，就能呈现出色彩的魅力："一点红"在"万绿"的衬托下显得珍贵动人；"万绿"在补色"一点红"的对比下，显得更加青翠可爱。

（2）色彩的功能性

色彩的功能性是科学与艺术的结合，只有符合人的心理、生理要求，色彩才能给人以美的享受。

人们早就认识到，色彩能够影响人的情绪，冰山、雪地的白色会使人感到寒冷；太阳、火、橙色会使人感到温暖；海水的蓝色使人感到清爽；色彩缤纷的草地、花卉会使人心情愉悦等等。这都是人们对自然色彩的一种心理反应。室内设计应重视色彩对人们心理、生理等方面的作用，重视色彩所引起的联想和产生的情感效应，以期在室内创造有层次、有个性的色彩环境，利于身心健康和给人以美的享受。人类历史的沉淀，使人对色彩形成某种心理上、习惯上的联系和象征。色彩所构成的环境气氛是很丰富的。自古以来，人类就懂得颜色能够增加物品的美感。随着科学技术的发展，在实践中发现，色彩与人类的关系十分密切。如绿色，是使人轻松、镇静的色，当看书疲惫时，眼睛看看绿色，疲劳感就会减轻；但长时间处于绿色环境中，又会使人减少食欲。黄色或橙色具有刺激胃口、增强食欲的作用，且能给人以温暖、和谐的感受。所以一些餐厅中，墙面常选用黄色，配上黄色桌椅、白色台布以及艳丽的插花，可以使人悠然自得地进餐。

色彩在人们的日常生活和劳动中会显示出各种各样的效果。闻一多先生曾写道："红色给我以热情，绿色给我以发展，黄色赐予我忠义，蓝色教我以皎洁，粉色赐我以希望，灰色给我以悲哀。"在诸色中，粉红色是一种神奇的息怒色彩。德国慕尼黑有关研究表明，病人的身体状况和精神状态在相当大的程度上同他们所在的房间的环境色彩有关。已经确定：紫色可使孕妇感到安定，淡蓝色对发烧的病人有稳定情绪，逐步退烧的好处，褚石色则有助于低血压患者提高血压的功能。因此，室内色彩设计应是科学和艺术的结合，根据色彩的特性，准确地运用色彩，创造优美合理的环境空间。据国外的经验，当音乐厅的墙体、地面和座椅都用红色系时，人们听音乐时能始终保持着激动和兴奋的心情，而不觉得节目冗长；如改用蓝色设施，观众在里面的时间稍久，就会产生厌烦的情绪，感到演出时间过长。因此，目前美国新建的一些著名音乐厅，内部空间耀眼的红色占优势，一反过去使用安静色彩的方式。

室内色彩设计是色彩本身的性质引起的感情而感染人的，它不是人自身的感情，而是人对对象的感情，所以，色彩应符合人的心理、生理要求，才能给人以美的享受。（图4-2）

图4-2 色彩的功能在设计中的运用

（3）色彩的意蕴美

色彩设计，应考虑空间、环境、功能、采光等问题，并且还应适应人的年龄、性别、文化、传统等要求，使室内色彩有意蕴美。

衡量室内环境艺术质量的基本出发点是整体感，人们对室内空间整体形象的感受，来自于人的视野。室内空间的每一局部，不论是墙面、顶棚的处理，还是家具的款式、大小、形式、色彩等，都不能脱离它所处的实体环境。而在诸多的造型因素中，色彩是一个相当强烈而迅速地诉诸感觉的因素。从视觉感知物体的过程中，我们发现色彩和形体具有同样重要的作用，色彩甚至比形体更容易被人所注意。设计一个良好的空间不仅要悦目，感觉上舒适，更要有效地发挥其功能作用，包括创造准确的环境气氛，而色彩是最重要的整体气氛与格调的创造因素。

人们知道，任何物体的颜色都需要光才能体现出来。光不仅影响环境气氛，同时也左右着人们的心理状态和生理功能。因此，在进行建筑内部环境色彩设计时，对于光也必须给予足够的重视。由于室内空间环境使用功能不同，以及使用者年龄、性别、文化、传统背景不同，决定了室内设计的内容与形式也有所不同。另外，色彩的联想、色彩的象征、色彩的爱憎等是由国家、民族的风俗习惯不同而形成的不同心理反应。因此，在色彩设计时，也应考虑到这些传统习惯性。如金碧辉煌的故宫，与白墙青瓦的江南城市，以及山水秀丽的桂林，各城市在色彩上就有明显的差异，风姿有别。在室内色彩设计中，同样也存在习惯问题。

由于我国是一个多民族的国家，对色彩的喜爱和忌讳在各民族中有很大的差别，如汉族一般喜爱红、黄、绿等颜色。红色表示幸福与喜庆，多用于喜事。黄色具有神圣、权势、光明、伟大的含义，多为帝王所用。绿色象征繁荣和青春。黑色多用于丧事。

由此可见，了解室内的功能作用和要求，才能准确地运用色彩来表现室内空间内容和形式。因而在进行室内色彩设计时必须考虑空间内容、环境、功能、采光问题，才能使室内空间有整体性及内容形式的统一，形成室内色彩的意蕴美。研究表明，在室内设计中，色彩的作用远远不止上述几个方面，我们只有进一步对色彩的心理、生理及物理效果进行研究，科学地运用室内色彩，对室内色彩研究逐步从定性进入定性与定量相结合的研究，从一般主观评价上升到主观与科学检测结合评价，使室内色彩设计建立在更加科学的基础上，才能充分体现色彩在运用上的美学价值，进一步提高人们在环境中的舒适感和工作效率，保证人的身心健康。（图4-3）

图4-3 色彩的生理审美在空间设计中的运用

3.室内设计中的色彩创意

没有不好的颜色，只有不好的组合。室内的色彩设计并非简单机械地套用，而是要充分发挥想象，不断实践，不断调整色彩选择，才能真正体现色彩独特的魅力。

（1）与自然和谐的色彩层次

1903年，诺贝尔生理学奖获得者尼尔斯·芬森开创了现代光线疗法。他的紫外线疗法启迪了人们对光与色的研究与利用。室内环境中光与色彩同样重要。室内由两部分组成，一部分是物体占有的空间，在光线照射下是有色的；另一部分是空气占有的空间，在光线照射下是无色的。处理好这两部分的关系，使室内充分沐浴在阳光与空气中，是创造良好室内色彩环境的首要条件。如果室内没有家具，则顶棚、地面、墙壁的色彩便是室内的环境色彩；如果室内塞满了家具光线进不来，则谈不上什么色彩了。(图4-4)

图4-4 与自然和谐的色彩创意设计

（2）重复与呼应的色彩节奏

色彩的创意表现在既简洁又丰富上，如何运用色彩的节奏便是关键。将表达设计概念的颜色用在关键性的几个部位，从而使整个空间均被这些色彩所主导。如办公家具、窗帘、地毯设计成同一色，只是明度或纯度上有差异，而使其他色处于从属的地位，整个办公空间就会形成一个多样统一、色彩又相互联系的空间。色彩的重复与呼应，能使人的视觉获得联系与运动的感觉。将色彩进行有节奏的排列与布置，同样能产生色彩的韵律美。这种节奏不一定安排在大面积上，可以运用在相关的或较接近的物体上，色彩的面积和数量也可灵活多变，如地砖与墙面砖的排列、办公家具的屏风与家具等都可创造极佳的色彩效果，从而在视觉上产生相应的凝聚力。（图4-5）

(3) 个性化的色彩特色

色彩的使用应尊重使用者的性格与爱好,选择一种色调是营造个性化色彩氛围的关键。色彩用于室内装饰的主要目的是创造一种气氛,体现一种风格,形成一种感觉。室内的风格无论是古典的还是现代的,庄重的还是活泼的,华丽的还是朴素的,温馨的还是高雅的,各种不同的风格均体现其个性化的特色。(图4-6)

(4) 色彩的调整变化

色彩在整个室内环境中作用极大,无时无刻不在影响着我们的生活。它以其丰富的色彩关系,调整人的心理与情绪,激发人的想象,促进人的奋进。创造宜人的色彩环境,这是室内设计中应首要考虑的问题。随着时代的发展,社会的需要,室内色彩的设计一直处于动态的发展之中,它与其他设计一样,受时尚流行色的影响,受社会思潮的影响,受人们观念的影响而不断产生变化。尤其对于公共环境中的空间,如商业购物、娱乐、餐饮、办公空间等,为了塑造一种紧跟潮流、不断奋进的形象,为了调整原有的色彩关系给人焕然一新的面貌而不断更新,调整室内的一些色彩关系已经成为经常采用的方法。(图4-7)

(5) 黑、白、灰的衬托

黑、白、灰称之为无彩色,与红色、黄色这些色彩不同,它们没有被排列在色环上。然而黑、白、灰与其他色彩搭配后,其本身所表达的情感却是不容忽视的,尤其在室内装饰中,能很好地对各种色彩起衬托、稳定、明度强化的作用。其相互间的对比组合,也常受到人们的欢迎。(图4-8)

(6) 与室内其他关系的协调

室内的色彩除要考虑上述因素外,还要考虑与室内其他关系的协调,如室内空间的构造、室内整体风格。当空间宽敞、光线明亮时,色彩的变化余地就较大;当室内空间窄小时,色彩设计的首要任务就是通过色彩增大空间的视觉感觉。选用装修材料时,也要了解材料的色彩特性,有

图4-5 色彩的重复设计原则在空间中的运用

图4-6 色彩的个性化设计在空间中的运用

图4-7 色彩的统一原则在娱乐空间设计中的运用

图4-8 色彩衬托在空间设计中的运用

的材料随着时间的变化会褪色或变色，这些都应予以注意。同时色彩与照明的关系也很密切，因为光源与照明，就像阳光下的花架，光源自然均匀，对室内环境的色彩影响不大。日光灯色彩偏冷，筒灯、吊灯则色彩偏暖，它们的采用都要考虑与室内整体气氛的协调。（图4-9）

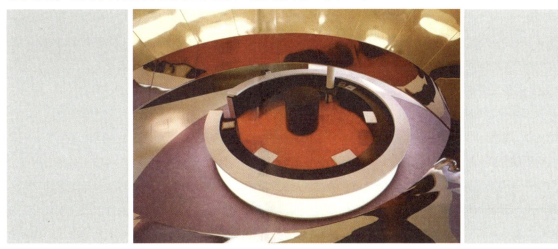

图4-9 色彩与功能空间的相辅相成

第二节 商业空间的照明设计

1. 室内采光

室内设计利用自然采光，不仅可以节约能源，并且在视觉上更为习惯和舒适；在心理上能和自然接近，可以看到室外景色，更能满足精神上的要求。如果按照精确的采光标准，日光完全可以在全年提供足够的室内照明。室内采光效果，主要取决于采光部位、采光口的面积大小和布置形式。室内采光一般分为侧光、高侧光和顶光三种形式。侧光可以选择良好的朝向，使用维护比较方便。但当室内空间的进深增加时，采光效率就会降低。因此，常用加高窗的高度或采用双向采光或转角采光来弥补这一缺点。顶光的照度分布均匀，影响室内照度的因素较少，但当上部有障碍物时，照度就会下降；此外，在管理、维修方面也较为困难。室内采光还受到室外周围环境和室内界面装饰处理的影响，如室外邻近的建筑物，既可阻挡日光的射入，又可从墙面反射一部分日光进入室内。此外，窗户对室内来说，可视为一个面光源。它通过室内界面的反射，增加了室内的照度。由此可见，进入室内的日光因素由下列三部分组成：直接天光、外部反射光、室内反射光。（图4-10）

2. 室内照明设计的基本原则

在室内设计中，光不仅满足人们视觉功能的需要，而且是一个重要的美学因素。光可以形成空间，改变空间或者破坏空间，它直接影响人对物体大小、形状、质地和色彩的感知。因此，室内照明是室内设计的重要组成部分之一，在设计之初就应该加以考虑。

图4-10 侧光设计在空间设计中的运用

(1) 功能性原则

灯光照明设计必须符合功能的要求，根据不同的空间、不同的场合、不同的对象选择不同的照明方式和灯具，并保证恰当的照度和亮度。例如：会议大厅的灯光照明设计应采用垂直式照明，要求亮度分布均匀，避免出现眩光，一般宜选用全面性照明灯具；商店的橱窗和商品陈列，为了吸引顾客，一般采用强光重点照射以强调商品的形象，其亮度比一般照明要高出3～5倍，为了强化商品的立体感、质感和广告效应，常使用方向性强的照明灯具和利用色光来提高商品的艺术感染力。（图4-11）

(2) 美观性原则

灯光照明是装饰美化环境和创造艺术氛围的重要手段。为了对室内空间进行装饰，增加空间层次，渲染环境气氛，采用装饰照明，使用装饰灯具十分重要。在影剧空间、商业空间和娱乐性空间的环境设计中，灯光照明更成为整体的重要部分。灯具不仅起到保证照明的作用，而且其造型、材料、色彩、比例、尺寸，已成为室内空间不可缺少的装饰品。灯光设计师通过灯光的明暗、隐现、抑扬、强弱等有节奏的控制，充分发挥其明度与彩度，采用透射、反射、折射等多种手段，创造温馨柔和、宁静幽雅、怡情浪漫、光辉灿烂、富丽堂皇、欢乐喜庆、节奏明快、神秘莫测、扑朔迷离等艺术情调气氛，为人们的生活环境增添了丰富多彩的情趣。（图4-12）

(3) 经济性原则

灯光照明并不一定以多为好，以强取胜，关键是科学合理。灯光照明设计是为了满足人们视觉生理和审美心理的需要，使室内空间最大限度体现实用价值和欣赏价值，并达到使用功能和审美功能的统一。华而不实的灯饰非但不能锦上添花，反而画蛇添足，同时造成电力消耗、能源浪费和经济上的损失，甚至还会造

图4-11 灯光使用符合图书馆设计的功能性　　　　图4-12 灯光设计的美观性在服装店的运用

成光环境污染而有损人的身体健康。

(4) 安全性原则

灯光照明设计要求绝对安全可靠。由于照明来自电源，必须采取严格的防触电、防短路等安全措施，以避免意外事故的发生。

3. 室内照明设计的参考程序

(1) 明确照明设施的用途和目的

明确空间环境的性质，如办公、商场、体育场馆等。确定照明设施所要达到的目的，如功能或气氛。

(2) 确定适当的照度

根据照明的目的或者使用要求确定适当的照度；根据使用要求确定照度分布；根据活动性质、活动环境及视觉条件，选定照度标准。

(3) 照明质量

考虑视野内的亮度分布，考虑室内最大的亮度、工作面亮度与最暗面亮度之比；同时要考虑主体物与背景之间的亮度与色度比。光的方向性和扩散性，一般需要有明显的阴影和光泽面的光亮场合，选择有指示性的光源。为了得到无阴影的照明应该选择有扩散性的光源。避免眩光，光源的亮度不要过高。增大视线和光源之间的角度，提高光源周围的亮度，避免反射眩光。

(4) 光源选择

发光效率的比较：功率大的光源发光效率高，一般荧光灯是白炽灯的 3~4 倍；考虑光源使用时间：白炽灯约为 1000 小时，荧光灯约为 3000 小时；考虑灯泡的表面温度的影响：白炽灯各种放置方向的表面温度不同，荧光灯的表面温度约为 40℃。

(5) 确定照明方式

根据具体要求选择照明类型，按灯光活动面的照明类型分类：直接照明、半直接照明、漫射照明（有完全漫射照明及间接照明）、半间接照明、间接照明、吸顶灯式漫射照明、吊灯式半间接照明、壁灯式半间接照明。台灯和射灯属于直接照明。按灯光的活动面的照度特性分类：一般照明、局部照明、混合照明、发光顶棚设计、光檐（或光槽）、光梁（或光带）、发光顶棚（设计格片或漫射材料）。

(6) 照明器的选择

灯具的效率、配光和亮度、灯具的形式和色彩应考虑与室内整体设计的调和。外露型灯具，随房间进深的增大，眩光变大；下面开敞型的也有这种情况，但比半截光型灯具眩光少。镜面型的间接光灯具（不带遮挡）、带棱镜面板型灯具均具有限制眩光的效果。

(7) 照明器布置位置的确定

按照度的计算，逐点计算法，各种光源（点、线、带、面）的直接照射、平均照度计算法，利用系数法，即确定灯具的数量、容量及布置。

4. 照明设计案例

(1) 办公室的照明设计

办公空间是一个复杂的空间集群，是一个传达多元信息的集合。它通常分为接待和企业形象表现区域、开放式的办公区、独立的管理人员办公室、通道和走廊、会议室和非正式的讨论区域。有的大型企业还有自己的画廊、展览区域、员工餐厅和休息室等。针对不同类型公司的办公室的室内设计，除了要在空间的处理以及对色彩和肌理等材质的表现上加以综合的考虑外，还应该有好的照明设计。光扮演着极为重要的角色。（图 4-13）

办公室照明设计要点：

①用 6200K 左右的光源产生均匀分布的 300~500lx 环境光（总体照明），在每一个工作面上，我们推荐用 4000K 左右的光源产生

图 4-13 办公室的灯光设计

800lx 以上的工作面的重点照明。

②影响视觉、视力健康的主要指标之一的眩光指数（UGR），应控制在 22 之内，显色指数也应达到 80 以上。

③其他的空间要该亮的亮，该暗的暗，不要平均化。注意在会议室、非正式的讨论区、会客室等区域，用暖色的光源 (2800~3300K) 制造友好气氛，使人际关系和谐。

（2）酒店大堂照明设计

酒店分为商务型酒店和休闲度假型酒店。虽然功能不同，但酒店内部的功能区基本相似。均由大堂、中西餐厅、多功能厅、咖啡吧、客房等功能区组成。根据功能的不同，设计不同的光环境，以及灯具选择的整体性尤为重要。特别是酒店在翻新改造的过程中，不仅要重视硬件设备的更新、室内空间的改造，更要重视光环境的创意设计。舒适的光环境，可以为酒店增辉。

大堂是酒店室内部分中面积最大、人流最多的交流区域。大堂区域可以划分为入口区域、接待区域、休息区域、通道区域及电梯等待区，均为照明设计中需要考虑到的。设计过程中需要考虑光环境的整体性，保持色温的一致性，但不同区域要结合局部照明，通过亮度对比彼此区分、彼此过渡，使整体光环境亲近、轻松并且相映成趣。

现阶段，国内一些不注重照明设计的酒店，会特意运用窗帘、绿化或装饰物将日光阻挡在户外。室内不论白天还是夜晚，都用室内照明取代自然光。并且为了突出酒店的豪华、气派，将大堂的光线渲染得满堂生辉。这是照明设计中的误区。照明设计只能模拟日光效果，不能取代日光。日光与人工照明的过渡，往往可以营造特殊的、舒适的光环境。

调光系统对酒店大堂的照明设计是不可或缺的一部分。它可以改变协调整体单一的光环境。人的心情会因为喜怒哀乐产生变化，灯光同样可以营造产生不同的效果。且不同时间段，我们对光环境的处理是不同的。白天，有日光的补齐，大堂中的人工照明可以只开启 20%；晚间 17：00~22：00 是大堂利用率最高的时段，我们可以选择 70%~100% 开启人工照明，制造热闹舒适的气氛；22：00 之后，可以关闭大部分照明，并且将整体光环境调暗，但保留重点照明的功能区域，如接待区域。调光系统可以降低耗电量，并且延长光源的寿命。

①入口区域照明设计

大堂入口处：主要为了满足其功能照明需求。考虑到需要过渡室内外的光环境，室外过渡处的光源选用 4000K 节能灯，这样室内外光的色温差别不大，使人进入大堂时光感比较舒适，而且色温较高，可以扩大视觉空间感，搞活入口处的气氛，给过往的人群留下较深的印象。进门后的室内部分，则可以将色温降低至 2800K 左右，这样可以使室内光环境较为亲近、舒适，增加安全感。

②前台区域照明设计

前台的色温应同室内入口处相同，这样不但与入口相呼应，再加上接待人员热情的服务，更容易给客人留下美好印象。同时，考虑到前台也是结算中心，出于功能性考虑，对照度的要求较高，因此前台在整体大堂环境中显得非常亮。这也突出了此区域的重要性。

③休息区域照明设计

休息区域，室内设计师会特意将创意融入此空间中。为避免呆板，在此区域可添加一些特有的元素，如人文元素、自然装饰元素等。此外，照明设计不仅仅是整体范围内的照明设计，还要搭配装饰灯具的选择、局部照明的处理等。这个区域我们一般照度处理得较暗，灯光温馨。桌面上台灯的选择，一定要与周围的装饰环境相匹配，要考虑到诸多因素，如地毯、沙发、桌台，甚至墙壁、台阶等。

④通道区域与电梯等待区域照明设计

酒店中各个空间的连接一般由通道、楼梯和等候区几个重要的部分构成。通常我们会将通道指示牌做得比较亮，并且放在区域中较为明显的位置。通道常采用功能性与装饰性相结合的照明方式，光源色温选用3000K，同时控制光线的角度，用宽型光灯对整体环境进行照亮，选用部分窄角度灯对重点位置进行重点照明。楼梯的处理方式，是设计师发挥创意的区域，通常将灯具藏于隐蔽处，以达到光与楼梯浑然一体的效果。

综合以上，大堂是酒店中非常重要的区域，是进入酒店之后留给客人印象最深的区域，运用照明设计手段，将室内设计更强地展现出来，将有利于提升酒店在行业中的竞争力。（图4-14）

图4-14 酒店大堂的灯光设计

第三节 商店门面设计

门面设计是一门理性创作与感性表现并重的活动。它作为一个商店或企业的主要"外部标志"，很大程度上代表了其性质与特征，对整个店面的装饰起到"画龙点睛"的作用。精巧的门面设计具有很强的吸引力。

1. 门面设计的作用及原则

（1）门面设计的作用

①门面设计是材料技术和艺术美学相结合的典范，创造经济、美观的店铺设计，有助于今天社会物质文明与精神文明的和谐。

②门面设计的强烈个性与识别性，有助于提高生活效率和节奏。

③能够为消费大众提供理想的商业购物空间。（图4-15）

(2) 门面设计的原则

①适合性

门面设计要准确体现商店的类别和经营特色，宣传商店的经营内容和主题，能反映商品特性和内涵。（图4-16）

②流行性

门面设计要随着不同时期人们的审美观念有所变动，相应改变材料、造型形式以及流行色彩搭配，以跟上时代特征。（图4-17）

图4-15

③广告性

门面设计要能起到广而告之的作用，其目的是要起到宣传商店经营内容、扩大商店知名度的作用。设计时可利用橱窗、门头、灯箱、招牌、霓虹灯等各装饰构成元素进行图案、文字和造型的设计，全面宣传商店及品牌。（图4-18）

④风格鲜明、独特性

门面设计要努力做到与众不同、标新立异，使顾客一看到商店门面就具有心灵上的震撼感和情感的共鸣。设计要敢用夸张的形象和文字来体现商店的独特风格。（图4-19、图4-20）

图4-16　　　　　图4-17

⑤美观、生动性

门面设计要注意形象上的美观大方和生动性，注意色彩、光影等方面的和谐、生动感，要让顾客感觉自然、亲切。

⑥呼应性

门面设计要注意与周围所处环境之间的呼应性，要因地制宜。（图4-21）

图4-18

图4-19　杭州灵隐寺店

图4-20　上海虹桥店

⑦经济性

门面设计要符合经济节省的原则，只要材料选择得当，符合自身特点，最终设计的门面一样布局精心、美观，不必一味追求豪华、奢侈。

2. 门面艺术造型手法

门面设计的基础就是造型，造型好坏直接影响到整个门面的功能与审美。优秀、成功的门面设计应与被装饰的建筑本体特征、周围环境、商业性质等各方面求得协调和自然。门面造型设计基本手法包括：

①具象造型

即：从商店商品或主题中选择最具代表性的实物造型为素材进行设计。

特点：直观易识、印象深刻。（图4-22）

②抽象造型

即：以几何形体或对其进行组合分割后的抽象形态进行造型设计的手法。

特点：具有强烈的现代感、立体感和奇特感。往往搭配鲜艳的色彩，以强烈地刺激受众人群的视觉来引起注意。（图4-23）

图4-21 江苏苏州店　　图4-22

③综合造型

即：将具象与抽象造型结合进行设计。

特点：给人以丰满、活跃感，产生华丽、厚实的视觉效果。（图4-24）

3. 门面设计造型结构

除造型手法外，造型结构也十分重要，它是整个门面设计的立体感和整体感的重要因素。

图4-23

①平面式

一种最为简单的结构形式。一般利用原有墙面铺垫底板，做出文字和平面装饰图案即可完成。

特点：设计及施工都简单，用料少，成本低。若进行设计也能获得良好的装饰效果。（图4-25）

②立体式

目前采用较多的结构形式。一般在原建筑基础

图4-24　　图4-25

上向前或向左、向右搭建出各种立体造型的门头，使其高于原有建筑或增加一部分厚度。

特点：结构形式较复杂，用料多，施工难度大，成本较高；但装饰气魄宏大、变化多，可充分运用众多辅助设计手段（如：灯箱、射灯等），取得更加豪华的效果，并能起到遮风挡雨的实用功能。（图4-26）

③叠层式

此种结构以两种或两种以上的立体形堆砌而成，上下、左右可形成若干个层次。

特点：较前两种更为复杂，但富有层次和韵律感，庄重豪华、气势雄伟。（图4-27）

图4-26　　　　　　　图4-27

4.门面设计的色彩

（1）门面色彩装饰的功能与作用

①增强造型感染力，加深顾客的印象与记忆（色彩语言来得更加直接，而且传播信息范围、距离广）；

②影响顾客的感情行动（色彩能表达和宣泄一定的情感特征）；

③传达商店服务的意念及内涵；

④丰富和美化城市环境。

（2）门面设计中的色彩搭配技法

①对比色搭配法

此种色彩搭配能产生强烈的色彩对比效果，醒目且具有个性化视觉特征。适合儿童及年轻人顾客消费群。

②调和色调搭配法

此种色调搭配追求温馨和谐的色彩视觉效果。适合女性及中老年顾客消费人群。

③主色调设计

追求多色彩装饰店面，其结果不一定都能起到"锦上添花"的良性作用，在某些情况下，甚至会适得其反，让顾客眼花缭乱，没有主题印象。其原因就是缺乏总体上的一个主色调。

④点缀色运用

当整体门面装饰色彩过度统一时，也会带来单调、乏味的色彩枯燥感，此时就需要遵循"变化与统一"

的形式美法则，在主色调统一的基础上点缀以对比色或互补色。

5. 门面设计的照明

关于门面设计的照明安排，首先应考虑好光源布置与建筑环境之间的关系。需要根据不同的建筑外观样式选择不同的照明种类。设计中可供选择的照明组件种类多样，可根据不同的特征与性质进行合理的选择。

（1）灯箱照明

灯箱是现代门面装饰艺术中十分常见的一种照明形式，其应用广泛、形式多样。灯箱上的图案可美化、装饰门面；灯箱上的信息可起到广告作用。（图4-28）

（2）霓虹灯

一种利用气体放电、发光的灯管。其颜色可根据需要充入不同的气体而更改。如：氖气——红橙色光；氖加汞——绿色光等。（图4-29）

（3）射灯

一种常见的现代灯具，包括金属壳射灯和塑料射灯两种。常见于各种展览会、博物馆或商店等场所，具有突出商品、展品的作用。射灯用于门面设计中常见安装于店面门头檐棚下或板面上。

图4-28　　　　　　　　　　　　　　　　　　　　　图4-29

（4）吸顶灯

生活中常见常用的一种普通灯具。其类型多样：浮凸式；嵌入式；圆灯、扁灯、方形灯、三角灯等。

（5）筒灯、牛眼灯

可用于密集型或分布型自由照明。

第四节　固定装备与设备

在室内设计的过程中，常常会涉及一些与设计有关的设备与设施，主要有室内使用的给排水设施、卫生设备、电气设备、冷暖空调设备等。随着建筑与室内设计中的技术含量提高，尤其是"智能化"概念的引入，各种电子设备与设施在室内设计中广泛采用，自动化的信息控制和处理系统得到了迅速的发展。这些都要求室内设计师在设计过程中必须具备一定的知识，以保证这些设施充分有效地发挥作用。从专业的角度来看，这些相关的设备与设施通常具有相当高的技术含量，并通常由相关的专业人员设计安装。但从设计的角度来看，室内设计师必须具有相应的知识，才能保证在设计中正确使用。一般情况下，这些设备与设施包括给水与排水设施、中央空调、电子设备、电气系统、消防系统等。

1. 给水与排水设施

水是人们生活中不可或缺的物质。无论是住宅或其他用途的建筑，水的供应及污水的排放都是建筑设计过程中必须考虑的部分。同时在室内设计的过程中，与给水及排水有关的设施和设备也是设计师要考虑的问题。给水的设施与给水的方式有关。通常的给水方式有"水道直接供水"、"高层水箱供水"和"压力水泵供水"等几种方式。与室内设计有密切关系的主要是与用水有关的设备，如水槽、洁具、热水器、阀门（龙头）等。而排水的设施也与污水的种类及处理方式有关，如从大小便器中通过粪管排出的污水，从厨房水槽、浴室浴池和洗脸盆中排出的污水，从屋顶、庭院排出的雨水及须经特殊处理的从工厂、实验室等处排出的含有毒、有害物质的污水等。不同的污水及处理方式需要不同的设施及设计、安装方式。在进行室内设计时，必须充分考虑到这些设施在安装、使用及维修过程中必要的条件，如在排水直管的长度达到一定标准时（如长度为管径的 300 倍时），必须设置检查井，以方便检查及维修；各种排水器具上必须设置水封或防臭阀，以隔绝来自排水管的异味和虫类。

2. 中央空调系统

从空调设备的种类来分，主要有热源集中于一处再输送到各个房间的中央式空调及每个房间分设供冷供暖空调的分别设置式两种。对于室内设计师来说，供暖与空调设备的设置与室内设计也有直接的关系。一般在设计中要充分考虑室内平面的形状、天花的高度与形状。设置室内空调机一般要注意下述各点：空调机的出风口应当安置在室内的中轴线部位，以使空气能均匀流动并避免家具的遮挡；如在较大的空间内采用中央空调，应能够分区使用以适应不同的用途和区域；空调器的周围要留有一定；的空间以便维修、清扫等。

中央空调系统主要由以下几个部分组成：通风机组（风机、避震装置等）、排风口（风量自平式）、风机开关、管道网络及连接件等。

中央空调系统分类的一般原则与方法：

①按环境职能、水准：除尘、排毒系统；通风系统（送风、排风、人防）；空调系统（舒适性、恒温恒湿、洁净、除湿）；防排烟系统。

②按设备集中程度：集中式系统；半集中式系统；分散式（局部式、岗位式）系统。

③按空气来源：直流式系统；混合式（再循环式）系统；封闭（循环）式系统。

④按其他分类法：

按风量分为定风量 (CAV)、变风量 (VAV)。

按风速分为低速、高速。

按风道分为单风道、双风道。

按风机分为单风机、双风机。

3. 电子设备

随着网络及传感技术在建筑上的运用，建筑"智能化"日益成为现实。目前能够实施的智能化技术包括以下几个方面：

①利用传感技术实施对各种室内设施和设备的监测、控制等。如电表、燃气表的自动抄报；燃气泄漏的报警；空调、锅炉及照明灯具的控制等。

②防盗、防灾等安全保障设备。利用电脑自动监控、感应、报警等设备，可以在建筑内实现安全防范的多重设置，以增强室内空间的安全性。

③通讯与网络技术的运用，使室内的自动化程度大大提升并可能实现远程控制。电话与内部对讲机为工作和生活提供了许多方便；而电脑及网络技术则是办公自动化必不可少的前提。另一方面，通讯技术及电脑网络也为室内环境质量的提高提供了许多可能性，因此在设计时应当为电脑网络预先设置足够的接口并为布线提供方便。

4. 电气系统

建筑电气系统可分为强电（电力）和弱电(信息)两部分。弱电是针对强电而言的，两者既有联系又有区别。一般来说强电的处理对象是能源（电力），其特点是电压高、电流大、功率大、频率低，主要考虑的问题是减少损耗、提高效率；弱电的处理对象主要是信息，即信息的传送和控制，其特点是电压低、电流小、功率小、频率高，主要考虑的是信息传送的效果问题，如信息传送的保真度、速度、广度、可靠性。一般来说，弱电工程包括电视工程、通信工程、消防工程、保安工程、影像工程等和相关的综合布线工程。

5. 消防系统

公共空间属于公众场所。消防系统包括消防栓给水系统及布置、自动喷水灭火系统及布置、其他固定灭火设施及布置、报警与应急疏散设施及布置等方面。其目的是限制火灾蔓延的程度，保持建筑物结构的完整以及在火灾发生时保护逃生路线的安全性。在做设计时必须考虑消防设置。在做设计的过程中应与消防工程相配合，并且按照消防规定要求进行。有关具体情况，可在设计时参考国家标准 GB50016—2014《建筑设计防火规范》的内容。

6. 音响系统

在办公室、生活间、更衣室等处设置 3W 扬声器箱。

楼层走廊一般采用吸顶式扬声器，扬声器的间距按层高（吊顶高度）的 2.5 倍左右考虑。选用 3~5W 吸顶扬声器。

门厅、一般会议室、餐厅、商场、娱乐场所等处宜装 3~6W 的扬声器箱。

客房床头控制柜选用 1~2W 扬声器。

在建筑装饰和室净高允许的情况下，对大空间的场所宜采用声柱或组合音箱。

第五章　商业空间设计流程

商业空间设计根据设计的进程，通常可以分为四个阶段，即设计准备阶段、方案设计阶段、施工图设计阶段和设计实施阶段。

第一节　前期项目调研和总括方案设计

设计准备阶段主要是接受委托任务书，签订合同，或者根据标书要求参加投标；明确设计期限并制定设计计划进度安排，考虑各有关工种的配合与协调；明确设计任务和要求，如室内设计任务的使用性质、功能特点、设计规模、等级标准、总造价，根据任务的使用性质所需创造的室内环境氛围、文化内涵或艺术风格等；熟悉设计有关的规范和定额标准，收集分析必要的资料和信息，包括对现场的调查踏勘以及对同类型实例的参观等。

在签订合同或制定投标文件时，还包括设计进度安排，设计费率标准，即室内设计收取业主设计费占室内装饰总投入资金的百分比。

1. 场地勘察与场地分析

在设计之前，设计师需要根据建筑图纸对已建成的建筑及环境进行实地勘察，更深入理解设计内容，找出解决问题的方法和步骤。建筑物有其自己的个性、价值、信仰和理念，研究建筑就是探究和发现这些特征。

场地研究的目的是识别建筑场地的结构、空间组织形式、场地现状的条件以及甲方的需求，还要确定这些因素对设计方案的影响程度。在场地研究中，设计师要尽可能地熟悉场地，这样才能设计出一个适应特定场地的方案。

场地研究包含两个步骤：勘察和分析。场地勘察是对场地现状和信息的收集，它包括识别和记录地理位置、尺寸、材料和场地现存元素（如墙体、顶棚、柱子、梁、门窗，如改造项目还要记录现有装修内容）。场地勘察还要记录场地的其他方面，诸如建筑环境、建筑类型、公共设施的位置、常规风向、日照和阴影的形式、重要的户外视野等等。总之，场地勘察就是数据采集，需要通过卷尺、皮尺、纸张、记录笔和照相机记录。

场地分析是对场地调查信息的评估。场地分析要判断这些数据并确定如何在设计方案中对应这些条件。例如，方案要如何与建筑的整体风格相关？在设计中是否要考虑窗户的朝向？哪些柱子遮蔽了视线？与室内相连的室外空间如何衔接和设计？接待台设置在什么位置比较合适？

清轩茶餐厅案例情景：

以武汉 1957 室内设计公司的清轩茶餐厅为例，面积为 300 平方米左右。

茶餐厅在内地的流行得益于人们对港式快餐形式的喜爱。茶餐厅源于中国香港，是香港本土化的一种食肆，集中式、西式餐品于一体，食物品种多样，顾客可以按照自己的喜好点餐。

港式茶餐厅设计要与现代茶馆设计区分开来。茶餐厅不同于茶馆，其区别在于茶餐厅的环境、布局等在中国特色的文化中融入现代的生活，顾客消费的是一种小资情调的休闲文化，更能体验到人性化的服务和更具人文特色的文化氛围。

港式茶餐厅有着与西式快餐厅一般的经营形式，以大众消费群体为目标客户，可以说港式茶餐厅走的是平民化和亲民化的路线，由于其方便快捷的服务，以及多样的食肆种类与合理的价格而广受欢迎，以致成为人们生活不可缺少的一部分。与所有的餐厅设计一样，茶餐厅设计意在凸显茶餐厅文化。（图5-1、图5-2）

图5-1 现场调查——茶餐厅入口　　　　　　　　　　图5-2 现场调查——场地前部空间

分析场地入口存在不足：大门的视觉并不是很好，门前既有柱子，又有楼梯，又有多层植物及马路。

解决意向：色彩不宜太花哨，需以沉稳为主，这样可以更好地借助植物，隔绝马路。

分析场地前部空间存在不足：前部空间仅有五米左右，还有三根柱子分立其中，把空间挤压得更小，这对设计带来了不小的压力。

解决意向：清晰的功能分区，借助中厅的两层空高，对空间进行拉升。

分析场地内部空间存在不足：主要针对二楼隔层和三楼的内部空间。二楼主要层高受到限制，屋顶的管道影响设计的发展；三楼为家装结构，所以布局受限，特别对洗手间的布局是难点。

解决意向：二楼虚化顶面是不错的方向。

2. 绘制场地测量图

测量现场通常由设计师参与，对业主的房型进行具体的测量和记录。测量工具主要有卷尺、纸、笔（最好两种颜色）、绘图板（平板硬纸壳可代替）。

测量场地步骤主要有：

（1）巡视一遍所有的房间，了解基本的房型结构。

（2）在纸上画出大概的平面图（大致按比例尺寸画出，这种平面图只是用于记录具体的尺寸，但要体现出房间与房间之间的前后左右连接方式）。

（3）从进户门开始，一个一个房间的测量，并把测量的每一个数据记录到平面中相应的位置上。

具体测量方法与技巧是：

（1）用卷尺量出房间的长度、高度（长度要紧贴地面测量，高度要紧贴墙体拐角处测量）。

（2）对于通向另一个房间的具体结构尺寸，在整体测量后进行记录（清楚了解两个房间之间的结构关系）。

（3）观察四面墙体上是否有门、窗、开关、插座、管子，并在纸上简单示意。

（4）测量门本身的长、宽、高。紧接着测量门与所属墙体的左、右间隔尺寸，测量门与天花的间隔尺寸。

（5）量窗本身的长、宽、高。紧接着测量这个窗与所属墙体的左、右间隔尺寸，测量窗与天花的间隔尺寸，测量窗与地面的间隔尺寸。

（6）按照门窗的测量方式把开关、插座、管子的尺寸进行记录。

测量每个空间尺寸数外，仍需要备注说明一下内容：①承重墙和非承重墙需注明；②管道、烟道、暖气的位置；③门、窗、洞的高度；④如有中央空调需画出位置，并量好尺寸（主要是高度）；⑤卫生间坐便器孔距；⑥水、（强/弱）电表箱位置与尺寸；⑦开关及电路位置；⑧上下水位置，地漏位置及离墙尺寸；⑨梁的位置及标高；⑩安保位置及可视门铃的位置和尺寸等。

按照上述方法，把房屋内所有的房间测量一遍。为了避免漏测，测量的顺序要一层测量完后再测量另外一层，而且房间的顺序从左到右；有特殊之处则应该用不同颜色的笔（如粉笔）标记清楚；在全部测量完后，再全面地检查一遍，以确保测量的准确和精细。

3. 收集资料

在实际操作中，大部分方案是在勘察与资料收集阶段慢慢浮现在设计师脑海中的。收集资料的过程是一个分类、总结和形成思路的过程，对设计师探索创意时显得尤为重要，它包含了已知条件和最初的设计构想，让设计师明白各种选择方向的可能性。同时还记下了能够激发灵感的任何事物，这些事物很可能会在接下来的工作中发挥决定性的作用。

（1）了解甲方的要求

这个阶段主要是设计师进行设计前搜集第一手资料，也是设计师进行设计的依据，主要工作如下：①与业主交流，了解业主的的个人需求，获取第一手设计资料；②了解房屋情况并现场测量，获取设计的客观资料。

与业主交流明确需求是设计的前提，比如业主的需求、个人喜好、装修风格定位等，只有明确了客户的一些基本情况才能设计出让客户满意的作品。其次还需要了解房屋的一些基本情况，到现场进行测量，了解楼层、采光、方位、管道等细微东西的分布情况，为设计构思提供依据。实地考察和详细测量是极其必要的，图纸的空间想象和实际的空间感受差别很大，对实际管线和光线的了解有助于缩小设计与实际效果的差距。

（2）收集相关图片

在设计之前争取尽可能多地寻找相关资料和图片，包括相关功能的实例图纸、效果图、完工后照片等等。针对业主的要求，在基本确定的风格和特点基础上，寻找设计内容相关的风格背景知识、历史渊源和大量案例图片。尤其是各个空间的一些细节设计，好的设计细节是整体不可缺少的。通过这些资料可以发现你想表达的元素和效果。

茶餐厅案例情景：

根据业主意愿，要求一楼主要展现时尚、快捷；二楼主要体现温馨、小资风情；三楼体现幸福情感、低调生活。

设计开始寻找和收集资料、设计图片，在此基础上激发想象。（图5-3至图5-6）

图5-3 收集餐饮区资料　　　　　　　　图5-4 收集包房资料1

图5-5 收集包房资料2　　　　　　　　图5-6 收集包房资料3

第二节 方案设计阶段

在室内空间设计中方案设计是第一稿，之后的改动都是建立在第一稿的基础上完善的。

任何设计项目的开端，看上去都可能令人畏惧，面对较多的可能性和解决方案，该如何进行选择是设计师艰难的抉择。进入设计的第一阶段就是要学会欣赏多种可能性，并从中激发灵感，保持开放性思维就显得尤为重要。但是不能急于求成地为设计做出最后的决定。

灵感具有快速消失的特性，一幅画、一篇文章、一个事物、一张照片、一个记忆或者一段交谈都会激发设计师的灵感。因此要快速地进入设计工作状态，通过随身携带小本子来把最初的灵感思路记录下来。一旦确立了设计方向就要进行深入且具体的研究，可以把目光从整体转向不同的细节。（图5-7）

包房以荷花水墨画为设计点，做新中式设计来展示中国文化。中国传统文化的魅力：沉稳大方，不奢华，

图5-7 茶餐厅灵感来源

又不失品味。中国风并非完全意义上的复古明清，而是通过中式风格的特征，表达对清雅含蓄、端庄丰华的东方式精神境界的追求。

1. 脑力激荡

设计师需要训练多种思维方式来进行脑力激荡，常用的方法是将业主需求和现场状况进行提炼，针对目标进行思路拓展。运用能够体现设计思路的词汇（可以是一个词语，也可以是一个简单的词组）进行思辨，不断延伸出新的涵义和找到其连接，凭直觉快速地说出可能想到的关于所选词汇的任何想象。这些想象可能具有明显的品质或者彼此有着不易被察觉的微妙关系。

根据拓展的这些词汇，进行筛选和比对，选出 3~5 个最能表达场地情景和设计师意图的词汇，并且收集代表这些词语的图片进行分组，通过特定的构思来解析这些图片。

中国元素以典雅惊艳的姿态交融到国际时尚生活中，无不体现了"文化走出去"的发展宗旨，正是这一个个鲜活的形象和故事在诉说着古老中国文化日新月异的发展篇章。

中国传统室内陈设包括字画、匾幅、挂屏、盆景、瓷器、古玩、屏风、博古架等，追求一种修身养性的生活境界。（图 5-8）

每一件中式的家具都是有生命的，虽然或许只是整个空间的一个细节，但放在任何位置都可以决定这

图 5-8 中式元素：书画、灯具彩绘、青花瓷

个地方的气质。西方设计界认为："没有中国元素，往往就没有贵气。"（图 5-9）

2. 确立宗旨和风格

经过数轮脑力激荡会形成被大家所认同的一两个设计方向，这一两个设计方向要遵循一个原则，即来自于业主的要求与之前设计师的调查分析结果。

业主往往会提出许多的建议，但是他们并不能想象出自己喜好的装修样子，有时按照他们的想法做出的东西不一定能使他们满意。这时需要设计师适当引导业主，在充分尊重他们意见的同时说服他们放弃某些奇思怪想，并最终提出让他们更加满意而且充满惊喜的方案。也可以根据特点选择一些图片和影视资料播放给甲方看。

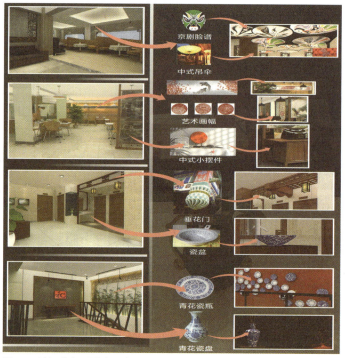

图 5-9 清轩茶餐厅设计元素

图 5-10

这么做是为了进一步确定风格。（图 5-10）

任何一种风格的形成都离不开它的土壤，即孕育了这个风格的地理环境、气候因素以及历史、文化渊源。每个设计风格都有其常用的元素与特定的设计手法。常用的元素是某些特定风格的材料、色彩、结构构件及装饰构件等。设计手法是运用这些元素进行设计的方法。

3. 推敲功能和二次空间设计

如果将现场勘查的建筑原状空间视为一次空间，那么室内设计在此营造的新的空间秩序将是二次空间。二次空间是一个抽象的概念，属于设计开始的重要阶段，是设计师根据业主要求和现场情况进行空间和形式的再处理，以达到符合新的功能和审美需求，其不包含任何具象的造型、材料、装饰、照明、陈设等视觉因素。

二次空间设计的基本过程是：

（1）场地分析

任何设计都是从分析现有条件开始的，并且对现有场地进行适当的调整。场地分析图就是分析现状，提出改进方案。设计师一定要将原始空间的平、立、剖熟背于心，了解场地条件的独特性。

（2）二次空间选型

空间选型是根据功能需求进行空间属性安排和布局。如空间轮廓形象的建立、空间轴的重新确定和分配、空间的引申等构成关系。空间属性可以看做古典空间、流动空间、运动空间、表皮空间等等。

（3）体块组合分析

体块组合是将空间组合方式进行抽象表达，概括不同空间之间的组合秩序和方式，理性分析功能和空间造型之间的关系,然后从抽象的组合关系变成实际建筑空间的过程。

(4)围合分析

除了体块组合外,相同的空间还会有各式各样的围合关系。设计师要开启思维和创新,创造更多的围合方式。

(5)视野分析

空间的体验大部分来自于视觉,分析我们能看到什么显得尤为重要。视觉分析不等于效果图,它的目的在于分析门、窗和洞口的视野,以确定它们的高度、大小和位置。

(6)形成二次设计

根据前面5点,从功能分区泡泡图着手,然后按照大致正确的比例和构成法则将泡泡图演变成体块与空间。

室内的功能分区图可以用不同颜色的色块明确地表现出来。不同区域的空间类型是不同的,只有将各区域明确地限定出来才能设计空间序列。

功能分区后开始流线组织,流线组织图体现了空间流线是否"顺"而不乱。所谓顺,是指导向明确,通道空间充足,区域布局合理。在设计过程中,可以试想人在空间中活动的过程,进行情景体验,这种活动过程是有一定的规律性的。

4.绘制设计草图

根据确立的设计方向,初步方案已经可以通过绘制的平面草图和透视草图表达出来了。为了与业主展示设计构想,因此草图应该尽量绘制得清楚明确,平面图可以简单上色以便于观察各个空间的区别与布置。图纸要保证业主看得懂,甚至可以找些类似的设计图片。(图5-11)

5.制作材料板,商讨细部构造

在设计草图和空间效果形成的同时,色彩、材料,甚至细部构造也同时形成了。因此可以制作某些材

图5-11 设计草图

料的展示板，并绘制细部构造草图。为了给业主真实的感受和色彩表现的准确性，材料板一般选择真实材料的样板。（图5-12）

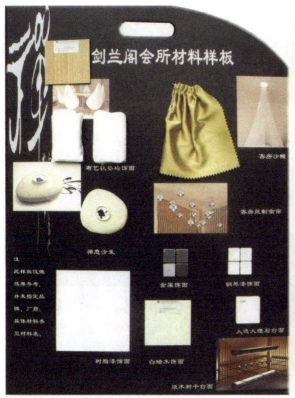

图5-12 材料样板

第三节 汇报设计方案

设计师在与业主初步交谈和场地调查后，进入设计阶段，在此阶段也会向业主进行多次不同深度的方案汇报，每次汇报也是进一步了解业主意图和引导设计的过程。先从概念设计入手，之后进行功能与空间布局深化，最后将效果和其他构建展现在业主面前，直到业主认可。

汇报项目最好的方法是把每一个重点都写下来，或者依据预先写好的提纲逐项介绍。在介绍过程中，首先讲解室内空间的功能布局，剖析如何能解决基本生活生产问题和解决特殊问题；其次介绍不同方案的设计方向，对每个方案的设计优点和缺点进行比较分析，给业主提供参考和取舍；最终推荐其中一个方案和选择此方案获得的利益。

在这个过程中，设计师会遇到无数不可知的问题、疑虑和反对意见。总的来说，业主主要考虑价格、功能、售后服务、竞争、实力和保障等。对于提出的问题要逐一研究、认真思考，以案例证明、权威机构推荐、研究制作成果及相关行业书面资料为支撑，作出合理、有力的答复。面对反对意见时要冷静、轻松、友善。通过设计的初衷和装修后的情景作为铺垫，发挥艺术家的想象力，与业主共同分享身临其境的感受，与业主共同商讨方案和最终达成共识。

在整个汇报过程中，主要对设计中的各种要求以及可能实现的状况需要与业主达成共识，对项目计划的明确和可行性方案的讨论要以图纸方案和说明书等文件作为基础。将设计方案用各种手段表达出来并制作成条理清晰的汇报稿，是与客户汇报与讨论的过程中深入地理解客户的要求。设计师要通过制作图文并茂的 PPT 展示文件，将设计方案全面而准确地表达出来。

1. 概念设计文本

第一次的设计汇报属于概念设计，即设计师将自己的设计概念呈现在甲方面前。这个时候往往没有签订设计合同，项目是否能够接下来还是未知数。因此概念设计文本有两大特点：一是尽可能减少经费投入以避免不必要的损失（往往不必绘制效果图，通过示意图来表示设计思路和目的）；二是通过这次汇报能准确地对设计理念进行定位，得到甲方认可。

概念设计和文件主要包括以下内容：

（1）设计项目名称

注明设计项目的名称，或者此次设计的主题以及承接单位的名称。如果是招投标文本，则不能注明单位名称和设计师简历。（图 5-13）

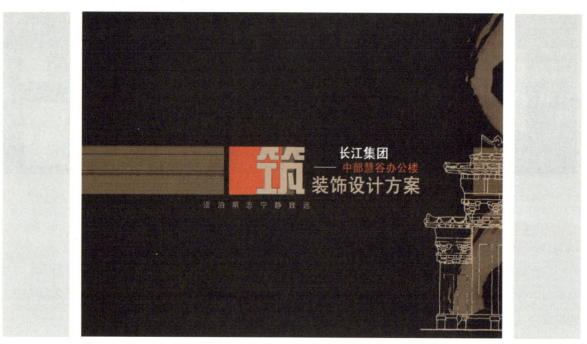

图 5-13　慧谷办公楼概念设计封面

（2）公司简介

如果甲方对承接单位不了解，还可以在文本前对公司和设计师的状况进行介绍，包括工作环境、单位性质和资质、隶属关系以及规模、以往承接项目的类型和完成效果照片等。

（3）设计理念或宗旨

在展示设计成果之前，需要说明设计的方向和理念。（图 5-14、图 5-15）

室内设计的理念，可以是思想观念的表达，也可以是某种文化的感性体现，或者是某种要素的强化扩大，甚至是出奇制胜的奇思妙想。理念是一个设计作品的内涵所在，也是产生情感的内核，同时还受到功能、环境和使用者的制约。

对于设计师来说，运用一些图片、图释来表达抽象的概念，有利于甲方理解设计作品的理念。

第五章　商业空间设计流程

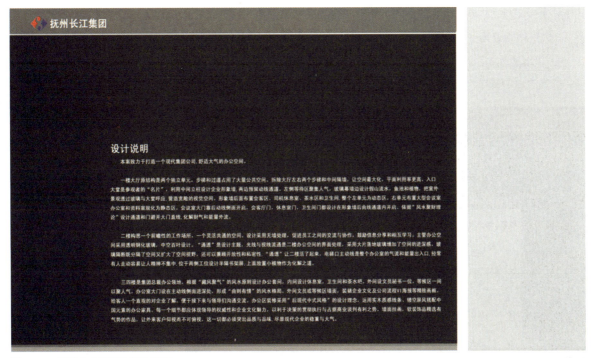

图 5-14　慧谷办公楼概念设计说明

图 5-15　慧谷办公楼概念设计风格元素

　　除了图形，为所设计的空间起名字也是很有讲究的。中国传统建筑空间十分注重"命名"，主人的思想寄托与诗情画意都会融于空间的名称之中，增强想象空间。

　　在设计方案中，文字的魅力既存于内容之中，也体现在字形上。字体设计和排版对设计品位和设计意图的表达有着事半功倍的效果。

　　同时运用具象—抽象的变形过程，将灵感来源——具象的事物演变为抽象的形体和空间，也是设计师的一项重要工作，体现着专业性，对分析图的表达会充满魅力，为设计汇报增色。

（4）功能分区

在设计理念之后，有必要进行明确的平面布局和功能分区的展示，一方面理念将直接影响平面布局设计，另一方面只有明确了区域，才能进一步地说明不同区域的设计方案。（图5-16、图5-17）

图5-16　慧谷办公楼概念设计楼层功能分布

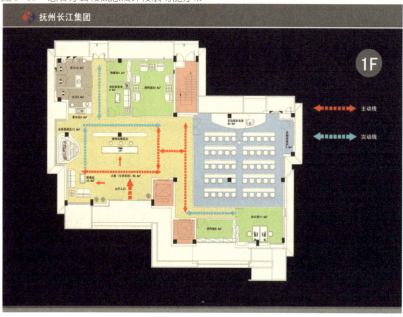

图5-17　慧谷办公楼一层交通流线图

(5) 设计定位和参考图片

针对不同区域、不同平面布局展示类似风格图片。如室内的立面造型方面、界面处理、空间咬合关系、材料质感、色彩搭配、配景及家具、陈设等等。（图 5-18、图 5-19）

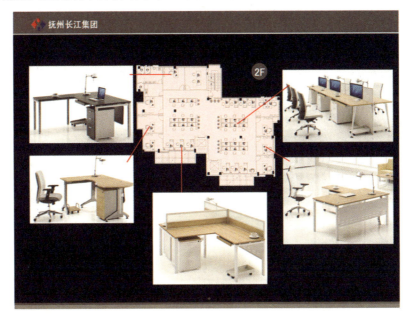

图 5-18　慧谷办公楼二层家具参考图

图 5-19　慧谷办公楼三层家具参考图

2. 方案设计文本

在设计概念，即设计理念确定后，就进入最关键环节——功能与空间的设计与组合。这次汇报一般在签订设计合同之后，设计公司和人员可以正式组织人员全力以赴地推进项目。对于面积较大的项目，可以分成不同小的区域逐个讲解和展示。主要图纸内容有七个部分：

商业空间设计

图 5-20 LUCKY TOWN 商业店面建筑外立面

（1）总平面图或者室外效果图

向业主展示项目的地理位置与环境特色，从大到小的形式与逻辑思维展开介绍。有时需要设计主入口和橱窗等建筑外立面，将业主的投资形象和产品进行展示。（图 5-20）

（2）彩色平面图或者轴测图

介绍建筑室内的平面布置。通常业主未受到室内专业知识的训练，所以较难接受黑白线条状的平面图，影响了解设计内容和交流。因此，设计师可以绘制带有颜色和材料质感的平面图，有立体效果的轴测图，方便业主理解设计意图。（图 5-21）

（3）区域平面图和功能分析

针对较大和楼层较多的室内设计项目，可以将平面图放大和拆分为若干不同区域，或者对特定区域进行详细分析。为了表达区域与整体平面图的关系，通常运用不同的指定色彩标明不同区域、楼层和相关位置。（图 5-22）

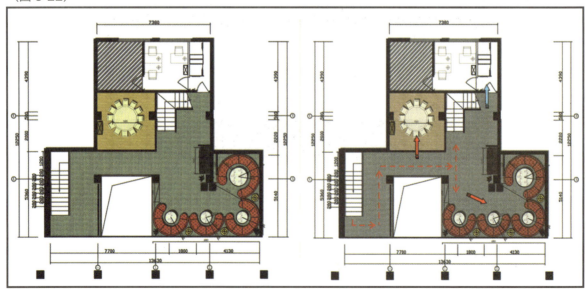

图 5-21 茶餐厅彩色平面图　　　　　　　　　　图 5-22 茶餐厅平面图与功能分析

(4) 意向图片

方案设计的意向图与概念设计阶段不同，它是针对确定的细部处理给出的意向图片，用来说明建成后会有类似的效果。同一个位置的意向图可以有多张图片，以便于业主选择。

另外，对于室内不可或缺的设施和家具也可以在方案本的后面进行推荐性展示，通过意向图来反映家具与室内设计风格的协调性、统一性。（图5-23）

图5-23 茶餐厅装饰意向图

(5) 方案草图或者效果图

方案设计本中的草图或者效果图是重要部分，需要将效果图和匹配的平面图一起关联展示，同时标明观看效果的位置和角度。效果图具有示意性强、效果直观，比语言容易理解，能减少歧义的产生。（图5-24至图5-26）

图5-24 茶餐厅卡座效果图及定位图　　　图5-25 茶餐厅包房效果图及定位图

图 5-26

（6）细部节点设计

针对一些室内设计中的局部构件和辅助空间，可以进行放大单独说明，并配以示意图和效果图。（图 5-27）

图 5-27 茶餐厅楼梯间效果图及定位图

3. 扩初设计文本

甲乙双方的讨论在项目过程中要经过很多轮，每一次的汇报都会针对上一次的结论作必要的修改和进一步深化。有时会针对项目某一处功能区域进行专题设计和汇报。

在设计方案最终确定下来后，可以进行扩初设计阶段，此时的文本不同于方案设计，设计的内容除了造型、材料、室内功能空间外，还要设计结构、水、电等内容。此时，设计师在业主所批准的方案设计基础上，根据业主对项目计划书、时间期间以及工程预算作出的调整决定。扩初设计阶段主要以材料加工手段、立体造型尺寸、空间设计手段以及色彩表现手段等，形成一种较为具体的内容，其中有一定的细部表现设计，能够明确地表现出形式审美上的完整性，技术上的可能性和可行性，经济上的合理性。

室内扩初方案的文件通常包括：

(1) 平面布置图、平面材料铺装图、天花平面图、各个方向的立面图。

(2) 在方案平面图、立面图、效果图的基础上做出设计大样图。

(3) 设计水、电、控制系统、空调、消防、通讯等配套设施。

(4) 做出详细的材料选配、购置、运输计划，设计说明和造价概算。

(5) 以上方面完成后，与业主再次沟通，取得对方认同或者施工招投标后，再进行下一步的施工图设计阶段。

4 设计说明

设计师要详细审查项目计划，对业主提出的具体要求作出书面文件，包括图纸、计划书、设计说明等。其中设计说明是辅助图纸进行设计内容的文字表达。

设计说明应该分为项目概况、设计理念、设计风格、设计功能，逐步谈到设计细节。设计师介绍设计方案的基本方法可以归纳为展示、说明和提问，让业主看到设计中的特点和带来的好处，详细说明设计内容带来的变化和优点，并且用问题来测试设计特点带来的好处是否对其重要，试探业主内心真正的想法和需求。

茶餐厅案例情景：

本设计为茶餐厅的商业空间设计，总平面约为350m²，设计风格为轻古典简约式风格，并将中式元素加入其中，在保持风格一致的前提下，提升空间品位。

此次设计是围绕茶餐厅"时尚、温馨、高雅"为主题，以简洁明快的设计风格为主调，将古典设计与现代思想相结合，总体布局方面尽最大可能满足业主的要求。其主要装饰材料为墙纸和木纹砖，加以局部的厚重木纹材料，含蓄中提升整个空间的档次，更体现出茶餐厅的现代与传统并重的感觉，营造一个快捷、时尚、低调、温馨的就餐环境。

一层以时尚、快捷为主题。在使用者定位上以快速就餐的人员为主，所以材料多选用光洁镜面的为主，如地面的木纹砖、墙面的玻化砖、玻璃等；色彩也以轻松的亮丽的色彩为主，如橘色、米黄色、红色等，再配上热带鱼缸和中式的台柜等，使空间既简洁又轻松；地面选择了灰色的木纹砖，使空间稳定性得到统一，更显出时尚、快捷的气息。

二层以温馨、小资为主题。通过设计制造出安宁、高雅的小资气息，同时又要满足就餐、休闲、聊天等条件。由于二楼是隔出来的，因此在设计上对于光线的运用的要求则更高，小资的主题也为灯光的合理运用提出更为严峻的考验，所以局部照明的设计是二层的首选。此次设计中，通过顶面和地面的暗调子反衬出窗子透出的光线，再加上餐桌和小景的局部照明，使温馨感和小资情调油然而生。

三层以幸福、低调为主题。包房空间基本集中于此，低调的奢华在这里得到了完美的体现，中式元素的运用也由平面转为立体，但在材料和色彩的选择上反倒简化了下来，更多是通过光线来营造氛围。

轻古典的设计风格摒弃了现代简约的呆板和单调，也没有古典风格中的烦琐和严肃，让人感觉庄重和恬静，使人在空间中得到精神和身体上的放松，更适合此餐厅的设计。

5.施工图设计

施工图设计阶段需要补充施工所必要的有关平面布置、室内立面和平顶等图纸，还需包括构造节点详细、细部大样图以及设备管线图，编制施工说明和造价预算。施工图设计必须考虑施工的科学性、技术性，将设计的想法予以详细的图形和说明文字展示，作为建造的具体实施依据，因此施工图设计的内容在制作方法、构造说明、详细尺寸、表现处理等方面均有明确的示意。

这个阶段的文件主要分为：

（1）施工图设计；（2）施工图设计详细说明材料。

室内设计师的所有设计文件编辑成册，即施工项目手册，其均需合同文件支撑。室内设计师是工程的设计者，也是文件的建立者，因此作为项目的负责人，对文件必须做到符合各种政府法律规定；要满足在建筑施工过程中各系统的技术要求；明确建筑施工过程中各方所担负的责任；保证合同文件的正确执行。

6. 施工时间和经费预算

施工安排主要是对任务内容进行时段计划，讨论施工的时间段。计划安排需要对雨天、雪天、严寒、湿度、高温等天气气候的预测，考虑特殊气候对正常施工带来的麻烦，思考运用怎样的方法尽量规避施工拖延。同时做好施工人员的调配和作息时间，材料的选购和入场时间等。

经费预算是在业主签订委托设计协议书之日起，由设计师依次作出初步报价和预算报价之后，签订合同形成的一份完整的报价书。其至少包括：

（1）工程数量即工程量；

（2）装饰装修项目单价；

（3）制作和安装的工艺技术标准。

第二部分 专题设计知识

第六章 展卖空间

第一节 展卖空间概述

1. 展卖空间的概念

现今，人们通常所说的展卖空间是指商品经营者为人们日常购物消费提供的交易场所和空间，是联系商品和消费者之间的纽带和桥梁，是伴随着人类社会政治、经济的阶段性发展而逐渐形成的。

自从 1851 年 5 月 1 日，英国伦敦万国工业产品博览会的水晶宫开始（图6-1、图6-2），到1862年，世界第一家百货公司法国巴黎的"好市场"诞生，世界零售业的形式、规模迅速发展。20 世纪 70 年代购物中心发展达到了高峰，而在 80 年代以后，商业模式发生了变化，购物环境中开始添入各种各样的非营销功能如餐饮、休闲等，让顾客在购物的过程中获得更多的愉悦。（图6-3、图6-4）

图6-1 英国伦敦水晶宫　　图6-2 英国伦敦水晶宫

图6-3 新中国成立初期上海第六百货　　图6-4 武汉某大型购物中心

今天，我们日常生活中常见的展卖空间形式有连锁超市、百货店、购物中心、摩尔（Mall）等等，其中商业规模较大的可统称为商场。在这其中，人、商品、购物空间是展卖空间环境的三个基本构成要素，它们之间形成了一个动态交互的关系。商业设施多元化发展的趋势一方面反映了消费者需求的变化，但其更深层次的原因则是商业竞争的需要，其目的在于吸引消费者，诱导和促进顾客的消费。对于展卖空间的室内规划与设计，不仅仅是对商品交易场所浅层次的功能规划和美化设计，更多要深入思考三个要素动态发展的关系。

2. 展卖空间的分类

（1）按建筑面积的规模划分（表6-1）

表6-1

规模分类	建筑面积（m²）	营业（%）	仓储（%）	辅助（%）
小型	<3000	>55	<27	<18
中型	3000～15000	>45	<30	<25
大型	>15000	>34	<34	<32

（2）按经营方式分类

①完全开架商场：在一个商店或综合商场某个内容的部分的所有货柜、展台、展架都采用让顾客随意挑选的经营方式。商品分类摆放，最大限度地使顾客接近商品，以创造最大的销售机会。（图6-5）

②完全闭架商场：在各大商场所占比例也正在逐步减少甚至完全消失，但对于一些特殊商品闭架销售还是有必要的。最典型的就是珠宝、金银首饰类。要注意的是在设计货架时要强调通透性，可观看角度尽量大些。（图6-6）

③综合式——开闭架结合商场：最新款式或最有价值的款式商品放入玻璃柜内，增加展示性效果，可以体现其价值和装饰性。对于服装及服饰品采用开架摆放，以此增加商品直接与顾客接触的几率。（图6-7）

图6-5 开架式商场　　　　图6-6 闭架式商场　　　　图6-7 综合式商场

④仓销商场：使用结构较为简易、空间较大的房屋，基本上不做太多的装修，按商品种类分区摆放，亦仓亦店，这就是所谓的仓销即货仓式销售。这类商场一般多设在城乡结合区域（商业大棚、农贸市场、综合性超市等）。（图6-8）

3. 展卖空间的主要类型

总的来说，商业模式决定了商业空间的规模和基本特征。商业模式的形成主要与零售业的经营形态有关。自19世纪中期以来，世界各国已经产生了许多成熟的商业模式，并经历了很多相似或不

图6-8 仓销商场

同的发展阶段，商业空间也随之呈现出巨大的变化。在全球化的今天，都市中人们的生活方式越来越相似，商业空间在世界各地也越来越趋于相同，没有明显的差别。下面将重点讨论目前展卖空间在我国的常见的几种类型。

(1) 购物中心 (shopping center or Mall)

现如今，购物中心通常是指一群或是组合在一起的商业设施，按商圈确定其位置、规模，将多种店铺作为一个整体来计划、开发和经营的一种大型的商业综合体。根据购物中心的建筑、设施和形态的不同，国际购物中心协会又将购物中心细分为"摩尔"（如图6-9所示上海国金中心，图6-10所示北京华贸中心等）和带状中心（图6-11所示武汉楚河汉街等）。所以严格意义上来说，购物中心不是一种商业业态，而是一种有计划地实施的全新的商业聚集形式，有着较高的组织化程度，是业态不同的商店群和功能各异的文化、娱乐、金融、服务、会展等设施以一种全新的方式有计划地聚集在一起。其复合型建筑空间类型往往满足多种功能的需求，顾客置身其中不仅可以感受到各商业空间独特的艺术气氛，同时还可以获得交往群聚、逛街购物、餐饮娱乐等多方面的享受。

图 6-9 上海国金中心

图 6-10 北京华贸中心

图 6-11 楚河汉界

(2) 超级市场 (super market)

超级市场，通常是指以顾客自选方式经营食品、家庭日用品、食物为主的大型综合性零售商场。它最早出现在1930年的美国纽约。当时，它是从食品店开始发展起来的，将各类食品按品种以超低的毛利率标明并摆在货架上，顾客自行挑选，在出门前一次性集中付款。现代超级市场几乎已经演变成了全品类的自选展卖市场。人们可以在其中自由挑选日常百货。这种相对特殊的消费行为模式也使得设计者对展卖空间有了全新的设计要求。整洁开敞的平面空间，利落大方的竖向空间。同时有着良好的室内

图6-12 国外超级市场

采光，科学且有条理的平面布局。同时分门别类的陈类形式，更加舒适宜人复合人体工学的售货架尺寸，方便快捷的购物车等。（图6-12）

(3) 专卖店 (exclusive shop)

我们通常将专门经营或授权经营某一主要品牌商品或者专——经营某类商品的零售业态称之为专卖店。随着社会分工的细化，各个行业都有自己的专卖店，而且越来越细化。它们经营的商品种类比较精专。同时，它们往往注重自身商品的品牌效应与高利润，设计的核心和重点就是挖掘或者抓住其品牌的文化特点和价值，并将其体现在具体的店面整体形象设计上。一方面设计要统筹规划整体的设计效果，同时还需要兼顾到细节的具体展现。因为通常这些专卖店在展卖的同时往往还兼备着企业形象或者产品形象的传达功能。（图6-13至图6-15）

图 6-13 某珠宝专卖店　　　　图 6-14 某服装专卖店　　　　图 6-15 苹果专卖店

（4）中小型自选商场（middling optional market place）

这是一种出现在20世纪80年代左右的新型零售模式，有别于巨型、连锁的超级市场。它具有小规模经营，灵活方便，并可渗入各类生活空间中的特点。是主要以食品、饮料等小商品为主的小型便利店，也会辅以销售一些简单生活用品或者药品等内容。有些还会兼顾经营一些简单的日常生活服务如代缴水电费、电话费等项目。如中百、TODAY、7-11等。（图6-16、图6-17）

图 6-16 7-eleven　　　　　　　　　　图 6-17 today

4. 展卖空间的特点分析

展卖空间设计的目的，是满足人类的消费需求，达成商品的交换流通。以视听感觉为出发点，利用形、色、质、声、光、电等创造出适宜人类各种感觉机能的宜人空间。概括起来，现代展卖空间设计的发展有如下特点：

（1）人体工学特性

设计是以人为本，创造宜人的空间设计是设计师的宗旨。所以了解有关人体工程学的基本知识是必不可少的。同样道理，在进行展卖空间设计时，也要对人自身的基本尺度和人类活动的尺度有一定的研究。并且要妥善地处理这些实体与空间的尺度，才能妥善解决展卖空间设计中遇到的问题。

那么在展卖空间的设计中，我们主要探讨人体基于"人体工程学"的两类尺度，即构造尺度和功能尺度。前者是指人体自身的静态尺寸，后者是指动态尺寸，包括人处于某种特定状态、姿势或者进行某种操作活动状态下测量的尺寸，这两种尺度是确定空间设计的基本依据。（图6-18至图6-20）

（2）展卖空间的自由性与娱乐性

在传统的销售方式中，顾客购物时一般要经过售货员传递这一环节，而现在的商业活动中，顾客可以自由选购，提高购物效率和选择的自由性，有"娱乐购物"的全新体验。

"空间展示的娱乐性"是指为顾客营造一个集购物、娱乐、休闲、观赏、交流、健身、美容等活动为

第六章 展卖空间

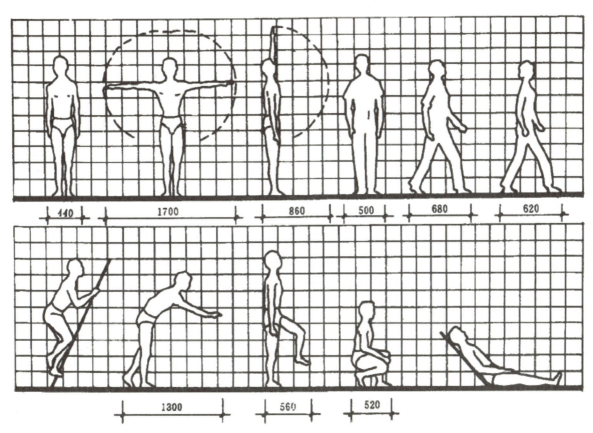

图6-18 人体基本动作尺度1

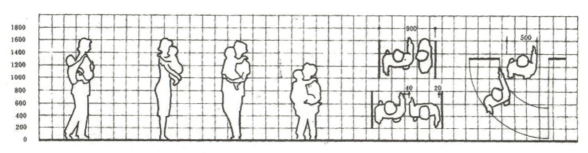

图6-19 人体基本动作尺度2

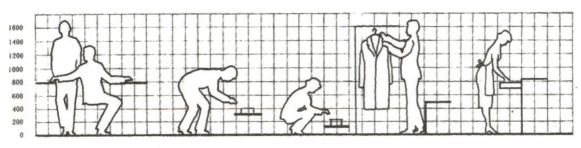

图6-20 人体基本动作尺度3

一体的大型综合性的服务空间。此类空间一般是一幢综合性的商业大厦，除了有出售商品的商场、超市、专卖店之外，另外还可能设有音乐厅、画廊、茶社、酒吧、美容厅等空间（图6-21至图6-23）。如今的展卖空间，已经一改过去拥挤不堪、呆板单一的商店形象，成为多功能综合性经营群体。

图6-21 北京金融街购物中心　图6-22 北京光华路SOHO²　图6-23 中国香港国际金融中心

（3）展卖空间的功能分区人性化

一般展卖空间的功能分区主要有"商品实体空间"和"流线空间"。而传统的商铺空间展示设计中，往往以商品实体为主，收银台、货架、商品和营业员占据了绝大部分空间，反之人流通道的空间却较少，甚至出现流线交叉造成人流挤拥，影响消费者购物的自主性。

而现代商业空间设计中，更强调其通畅性、灵动性。所以在界面分隔和空间展示陈列方面，尽量利用简洁线条形的管材制作构件，利用简朴板材和透明材料等饰面（图6-24）。另一方面，更注意人性化，在不牺牲活动空间的前提下，增设了导购系统装置，还将休闲设施引入空间展示设计中，创造更宜人的环境。（图6-25）

图6-24 原麦山丘三里屯店　　　　　　　　　图6-25 某仓库改建的服装店

（4）展卖界面设计的个性化

在我国传统商业空间的入口门面设计中，大多数是窄窄的门和窗，或者附上当时一些名人名家题写的店名，再者是制作立体字和招牌，形式类同。而现代商业空间展示的主出入口设计更注重外立面饰面，通常是以极具视觉效果的招牌广告、橱窗、外空间环境与景观设施等体现其个性。其风格力求店面的视觉的开敞与空间通透感，通过对商业店面内空间的设计，准确表达商店的经营理念与特色，使其内外部环境相协调融洽。（图6-26、图6-27）

第六章 展卖空间

图 6-26　荷兰阿姆斯特丹水晶屋　　　图 6-27　上海 M50 本店

（5）界面装饰的高技性

一个成功的展卖空间，就本身构造就是包括很多新技术的元素，特别是商业性的空间展示，其作为链接消费者和商品的载体，不仅要使其展示的商品完美地呈现出来，展卖空间自身就是一个最好的展示平台。因此，为了有效地反映展卖空间的的个性及其商品的新颖性，空间展示的装饰形式往往采用新的设计理念和创作方式，使用新的构件和装饰材料，利用新的施工技术去完成。（图 6-28 至图 6-30）

图 6-28　日本服装品牌 Trend Platter 上海店设计　　　图 6-29　重庆某服装店铺设计　　　图 6-30　日本涩谷某服装店设计

（6）展卖空间设计的艺术性

将艺术造型美的形式法则和创作手法广泛应用于商品陈列，色彩、规划、造型等的有序排列，构成富于秩序美感且容易识别的陈列空间。利用大幅灯箱画面、模型等做个性陈列。利用电气自动化装置、数字技术、声光技术等，加强视觉冲击力和营造动感兴奋的氛围。利用 POP 或视频广告做导向和导购，

图 6-31　伦敦 Westfield 商场　　　图 6-32　巴黎 Frédéric Malle 香水新店

能使顾客亲自触摸、操作、体验并自觉参与互动。这些造型美的形式法则和创作手法应广泛应用于现代商业空间的设计中。（图6-31、图6-32）

5. 展卖空间设计的发展趋势

随着科技发展，社会不断进步，室内空间成为人们生活的主体场所，因而使得人们对居住、工作等室内环境的设计提出了更高的要求。同样的，电商、网店如云的今天，单纯拥有好的地段，吸引人的商品已经不足以让人们迈出脚步，人们开始对展卖空间提出了新的要求。从过往对物质享受的片面追求转向对精神生活的更多关注和需求，并呈现以下几种主要发展趋势和动态。

（1）绿色生态可持续发展的设计趋势

由于地球环境与生态状况的急剧恶化，人们愈来愈认识到自身所生活的环境既要舒适、美观，又要安全、健康的重要性。因此，在商业空间设计中，人们日益重视绿色建材的选用与自然能源的合理利用，提倡装修设计以简洁为好，不浪费、不过于堆砌装修材料；充分利用天然采光和自然通风，为人们营造安全、健康、自然、和谐的室内空间。（图6-33）

（2）以人为本的设计发展趋势

国民经济高速发展，人们在物质生活和文化生活得到迅速满足的同时，思想观念也发生了很大变化，早已从20世纪60年代后的"物为本源"的价值观转变成"人为本源"的价值观，非常讲究和注重自身生活环境的提升。所以，在进行商业空间设计时，首先应考虑的是人们在特定室内空间中心理和生理两方面的感受以及精神上的需求，其次才应考虑如何运用物质手段解决装修中的技术问题。（图6-34）

图6-33 北京光华路SOHO　　图6-34 北京某商场

（3）体现民族化、本土化的文化特色设计趋势

文化是由地域、民族、历史、政治所决定的人类知识、信仰和行为的整体，包含语言、思想、信仰、设计的整个潮流。中国传统工艺装饰图案、建筑、民间工艺品、服饰等造型、色彩都是我们设计可借鉴的资料和产生设计创造灵感的源泉。在进行室内环境设计时，应融合时代精神和历史文脉，发扬民族化、本土化的文化，用新观念、新意识、新材料、新工艺去表现全新的展卖空间设计，创造出既具有时代感又具有地方风格、民族特点的内部环境，这是时代的需要。（图6-35）

图 6-35　位于成都宽窄巷子的星巴克

（4）高科技化的设计趋势

现在，新型建筑材料层出不穷，新的科技产品正在改变着人们的生活，一些新的节能材料和更具环保性能的材料随着可持续化发展战略的提出，不断出现。新技术和新材料极大地丰富了室内环境的表现力和感染力，使设计师的设计有了更广阔的发挥天地，除了为艺术形象上的突破和创新提供了更为坚实的物质基础外，也为充分利用自然环境、节约能源、保护生态环境提供了可能。人们可以利用科技将人文、艺术、自然、形态元素等空间内涵结合在一起，运用于人们的生活环境中，创造出新的艺术形式和生态环境。另外，电子商务、移动购物成了时代的宠儿，这对传统以实体经济模式为主的展卖空间带来了新的挑战，各个商场在寻求经营模式的变化的同时，也在积极向时代靠拢，随处可见的 WIFI、手机互动、移动支付等正是向这新时代做出改变的有力证明。在设计的过程中，如何将这些元素引入设计当中也是我们需要思考的方向。（图 6-36、图 6-37）

图 6-36　福州五四北泰禾广场 1　　图 6-37　福州五四北泰禾广场 2

第二节 展卖空间规划

1. 展卖空间的特征

展卖空间是由空间界面（水平面、折面、弧面、球面）等组成的多维空间，是商品与空间之间的虚与实的协调关系，一个成功的展卖空间，能够传递给顾客所需的信息和满足人们的参观流动的基本要求，让观者有所闻、有所见、有所问，且可从不同的角度去观察、去体验，可以说一个良好的展卖空间应该是一个多维度的空间形态。

2. 展卖空间设计要点

展卖空间设计一般应该注意以下三个方面：展卖空间整体性、尺度比例性、动态序列性。其主要原则如下：

（1）展卖空间的整体性是指空间构成的完整统一，把握好大、中、小空间设计的共性、个性关系的协调统一。（图 6-38）

（2）相关性是指分割后的空间区间在形式和尺度上相互之间要比例协调。（图 6-39）

（3）动态序列性是指分割后的展卖空间，要有动态感和节奏感，并随着空间的延伸达到"步移景动"的序列性的变化。（图 6-40）

图 6-38 德国 Weiterstadt Loop 5 购物中心　　图 6-39 上海新天地某店　　　　　图 6-40 印度孟买某餐厅

由于展卖空间的种类较多，其空间形态的构成也各不尽同，主要有：开放式空间、封闭式空间、结构主义式空间、动态空间、静态空间、流动空间、虚拟空间等。

开放式空间：展卖空间开放的程度取决于界面的围合程度、开洞的大小。开放空间和同样面积的封闭空间相比，要显得大些，给人的感受更活跃、流动感强，是现代展卖空间设计的常用形式。（图 6-41）

封闭式空间：用限定性比较高的实体包围起来，有明显的隔离性，故称之为封闭空间。（图 6-42）

图 6-41 多伦多 Avenue Road 专卖店　　　　　图 6-42 法国莎士比亚书店

框架式空间：故意把结构外露，并作强烈的形式感的设计，形成一种隐喻的空间形式，发挥受众想象力，可称为结构空间。（图6-43）

动态空间：展卖的动态空间引导人们从不同的角度观察周围的事物，把人们带到一个由空间和时间相结合的"四维空间"。（图6-44）

图6-43　北京filmba商店

图6-44　上海某服装店

3. 展卖空间的平面功能分区

商业空间是由人、物、空间三者之间的相互关系所构成的。展卖空间亦是如此，人与物的关系，是相互交流的，人与物、物与人，物质提供了使用功能，为人所用。人与空间的关系是相互作用的，空间提供了人的活动所需，包括物质的获得、精神的感受和信息的交流。场地的面积、位置体现了展卖空间规模、区域划分和局部构成的概念意向，也是进行后续工作的重要依据。它主要由主展示空间、公共交通空间、辅助空间等几大部分构成。

（1）主展示空间

展卖空间中的展示空间除了承担着本身的固有展示功能之外，还具备供客人挑选购买的功能。是商品陈列、传达信息的实际空间，是展卖空间造型设计的主体部分。所以这一部分往往是重点设计的空间，能否取得良好的视觉效果，吸引观众的注意力，有效的传达信息是其设计关键。（图6-45）

（2）公共交通空间

也称共享空间，包括展示环境中的通道走廊、休息区等。所以一般来说，公共空间的设计应该考虑有足够的面积，方便来回观看。（图6-46）

图6-45　东京minä perhonen koti

图6-46　东京minä perhonen koti

图6-47　日本某化妆品店

(3) 展卖辅助空间

指的是除了公共空间和信息空间之外的空间。主要有接待空间、工作人员空间、储藏空间等。同时，还应适当地提供休息、小憩、驻足、观看交谈和饮水的休闲空间。（图6-47）

4. 展卖空间平面流线的划分与组织

展卖空间平面流线的划分组织原则是形成合理的环行路线，为顾客提供明确的流动方向和购物目标，在各种形态的商业空间中，流线可分为主流线与副流线。主流线是指把人流导向各条副流线和垂直交通系统，提高空间整体性，便于顾客浏览各个区域的特征。副流线是指各展卖区域内部购物流线，它可以明确划分商业营业区的边界。其流线的主要形式与商品布置方式相关，主要有通道式、直交式、斜交式、环绕式、放射

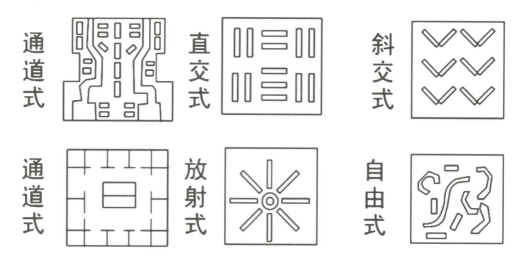

图6-48 展卖空间平面流线的划分与组织形式

图6-49 Harvey Nichols 服装店

图6-50 比利时布鲁塞尔 Smets Premium 商店

图6-51 某厨具用品专卖店

式和自由式等类型，它们可通过柜台、货架、隔断等的布置来形成。（图6-48至图6-51）

在商场中各种流线有自身的特点，例如直交流线的特点是可以使空间简洁，识别性强；不足是缺少变化，它一般适用于岛式周边式柜台布局。通道式流线的特点是空间富有变化，它适用于敞开经营方式和专门店组合的类型。

其中，通道式和直交式较为普遍，放射式比较适合集中性强的空间。由于斜交式与自由式的划分比较特殊，下面将着重予以介绍。

（1）斜交流线是指与平面成一定角度的流线。它的特点是能够拉长室内视距，形成较为深远的视觉效果，使空间具有变化，可以避免单调感，也有规律性，但需处理好，避免直死角的产生。在具体布置划分时，一般是将柜台、货架等设备与营业空间柱网呈45°斜交布置。

(2)自由式的划分则是将大厅灵活分隔成若干个既相对独立且联系方便的部分,空间富于变化而不杂乱。同时,可采用轻质隔断分隔出库房、职工用房以及设备室等空间。柜台、货架等可根据人流走向和人流密度的变化以及商品的特性而自由布置。

在进行平面流线的设计时,可以注意以下两个原则:

(1)流线组织,应使顾客顺畅地到货选购商品,避免死角,并能迅速、安全疏散。

(2)柜台布置所形成的通道应形成合力的环路流动形式,为顾客提供明确的流动方向和购物目标,营业厅与仓库应保持最短距离,以便于管理。

5.展卖空间分割的艺术手法探讨

展卖空间的分割方式和方法是多种多样的,在展卖空间设计的过程中,往往会利用到各种材料、家具、隔断、植物等元素,对展卖空间做出分隔,以取得不同的空间效果。空间分隔的元素可分为三大类:

(1)视觉的阻挡分隔

视线阻断的遮挡是指利用实墙、板壁、屏风、货柜等元素进行空间分割,被分开的两边空间相对独立,两边视线不能相通,不能被穿越,只有用曲径通道将这两部分联系起来。这种空间的分隔方式的优点是:能分隔出一个独立的空间,相对于周围的环境来说私密性较强。(图6-52)

图6-52 某茶用品专卖店

(2)半通透的分隔

通透的分隔一般是用矮货柜或独立式透明玻璃柜、各种罩(挂落)、花格墙、带门洞的隔墙等来划分展卖空间。被分隔的空间彼此视线通透,有的隔断顾客还可以自由地穿过,使顾客感到空间富有层次和变化,可以增强游览的兴趣,引人入胜。如果在较小的展卖空间中,采用这类通透的分隔,可以做到小中见大、隔而不堵的效果。(图6-53)

图6-53 某品牌服装店

(3)透明分割

是指使用透明有机玻璃或钢化玻璃、金属纱网、镂空花墙等元素,分隔展卖空间,从这个区域可以看到另一个区域的情况,但不能直接通达,各有单独的出入口和参观路线,虽然不能直接相互通达,但却有吸引顾客的作用。(图6-54)

第三节 展卖空间细节设计

如今,展卖空间设计已受到人们的普遍重视,现代科学技术为室内设计提供了多种多样的装饰材

图6-54 Artifacts Nanshi 男装店

树和装修手段。运用现代设计手法，充分发挥各种装饰材料的特点，为当代展卖空间设计提供了新的思路和表现力。同时，设计师通过营造视觉、听觉和触觉等感官上的体验带来色彩、光、声、材料质感等不同的展卖空间效果，以及商业家具摆设和花草树木等等。在优雅的客观物质环境中刺激起人们的购买欲。总的来说展卖空间的设计是一项综合性的设计，它是介于艺术与技术之间的学科，它的目的在于设计出良好的购物环境，为顾客带来良好的购物体验。本节就从不同空间形态的营造，展卖空间设计中的照明、彩色、材料道具等几个方面来谈有关展卖空间设计中的一些细节问题。

1. 展卖空间中的空间形态

一般来说，空间形态因使用要求的不同而要设计成不同的形式。而不同形态的空间，会使人产生不同的感受。下面主要选取几种常见的空间形态进行讲解：

（1）折线形空间。折线形的空间形式，主要有三角形、多边形、棱形、六角形、扇形等各种形式。三角形的空间形式是人们比较喜欢采用的一种几何形态。这种形态在空间中，会使人产生不同方向的动感和扩散作用，同时又具有向上提升之感，角部富有表情变化。棱形空间具有多面方向的扩散感，当空间较为开敞时，具有向外扩张的感觉；当空间较为封闭时，则具有向心的感觉。（图6-55）

（2）矩形空间。矩形的空间形式平面有较强的单一方向性，立面无多向感，是一种较为稳定的空间形态，属于相对静态的空间，也是一个良好的滞留空间，这种形态容易和建筑结构形式相协调。（图6-56、图6-57）

图6-55 某购物中心内景　　图6-56 伊斯坦布尔首家苹果专卖店　　图6-57 美国旧金山Westfield购物中心

（3）拱形空间。常见的拱形展卖空间有两种形态：一种是矩形平面拱形顶，这种空间的水平方向性较强，给人以向前流动的感觉；另一种，则是平面为圆形，顶面也是圆弧形，这种空间具有稳定的向心性，给人以收缩、安全和集中的感觉。（图6-58）

（4）穹顶状空间。为了满足特殊的功能要求，有些空间设计成穹顶状。中央高、四周低的穹顶状空间，可以给人以向心、内聚和收敛的感觉；中央低、四周高的穹顶状空间，可以给人以离心、扩散和向外延伸的感觉。

由此可见，在设计展卖空间的空间形态时，除了要满足功能性的要求外，还要结合一定的艺术意图来

图6-58 伦敦伯灵顿拱廊

选择空间形状。这样，既能保证空间的合理性，又能给人以合适的精神感受和不一样的空间体验。（图 6-59、图 6-60）

图 6-59 纽约时代广场　　　　　　　　　　　图 6-60 巴黎的 Les Galeries Lafayette 百货公司

2. 展卖空间中的照明

展卖空间照明是展卖空间环境设计的重要组成部分，其照明设计不仅要有利于商业活动的安全进行以及人们在展卖空间的环境中舒适地游览，还要能有目的有侧重地引导顾客，提升展卖空间的展示效果和视觉形象。在人们的生活中，光不仅仅是室内照明的条件，而且是表达空间形态、营造环境气氛的基本元素。冈那·伯凯利兹说："没有光就不存在空间。"光照的作用，对人的视觉功能极为重要。

图 6-61 直接照明 Me&City 上海南京路旗舰店

（1）展卖空间中的照明形式

直接照明（图 6-61）：灯具产生的 90% 以上的光通量达到预定工作面，光的利用率更高，照明区与非照明区亮度对比强烈，引人注目，不过也容易带来眩光负面影响。

间接照明（图 6-62）：即反射照明，如天花灯槽射出的全部光线经天花反射到工作面。特点是光线柔和、无眩光，但光能消耗较大，照度较低，须与其他照明方式配搭使用。

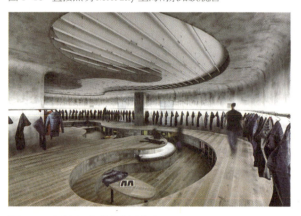

图 6-62 间接照明 某品牌男装店

半直接照明：半直接照明在保证工作面照度外，非工作面也能得到适当光照，使室内空间光线柔和、明暗对比不会太强烈，并有扩大空间感的作用。如各类专卖店设计中就常采用半直接照明方式烘托气氛，营造轻松、明亮的购物环境。

半间接照明：这种照明形式使大部分光线照射在天花或墙的上部，天花没有明显阴影，光线稳定柔

图 6-63 漫射照明 某服装店

和，能产生较高的空间感，利用灯带的造型使空间更具层次感与空间感。缺点是光通量损失较大。

漫射型照明：光通量向四面八方均匀散射，光线柔和没有眩光，非常适合各类商业空间场所。常采用吊灯、吸顶灯等照明灯具，照亮整个空间，以烘托整体空间氛围，并通过造型灯具装饰点缀空间效果。（图6-63）

（2）灯具的照明方式

以灯具的布局形式和功用来分类，又可分为4种形式：

整体照明：即一般照明，整个展卖空间和各部位获得基本亮度的照明。通常采用漫射型照明或间接型照明，没有明显阴影，光线较均匀，不突出重点，易于保持商业空间的整体性。（图6-64）

重点照明：强调特定目标和空间采用的高亮度定向照明方式，在商场空间设计中较为常用。为主要商品或主要部位做效果性照明，以加强感染力及经营流线的引导。与基本照明协调配合，会使营业空间气氛生动、活跃。特点是按需要突出某一主体或局部，并按需要对光源色彩、强弱、照射面大小进行合理调配。（图6-65）

装饰照明：为创造符合商场特性，强调气氛的照明装置。它往往以灯具自身的造型、光泽和色彩表现装饰效果，这类照明形式多样，并常以灯具的排列和布置创造气氛。以色光营造一种带有装饰味的气氛或戏剧性空间效果，所以又称气氛照明，用灯光作为装饰手段。特点是增强空间的变化和层次感，制作特殊氛围，使商业空间环境更具艺术氛围。（图6-66）

橱窗照明：橱窗照明的目的，是吸引过往客人进一步去观察、了解被照明的陈列商品，并对陈列商品产生深刻印象，从而激起购买欲望。橱窗内的一般照明主要是提高整个橱窗的照度，对某些小商品陈列窗或大型模特儿，还需要设置具有方向性的专用照明。橱窗背衬照明的目的是衬托商品，因此背衬照明的明

图6-64 整体照明灯光　　　　　　　图6-65 重点照明 某奢侈品牌旗舰店

图6-66 装饰照明 某珠宝品牌店　　　图6-67 橱窗照明 某品牌服装店

暗与色彩需考虑对比，以达到突出商品的效果。（图6-67）

3. 展卖空间中的色彩

（1）色彩在展卖空间中的功能

首先，色彩是传达展示信息的重要因素，是顾客认识、理解展卖空间的重要条件。可以想象没有色彩的展卖空间及环境将是何等的效果。"远看颜色近看花"，是民间谚语对色彩及其基本功能的认识，实践证明，人们在观察物体时，首先引起视觉反应的是色彩，而后对形体的反应逐渐涨裂起来，近而形成完整的、有形有色的对所观察物体的反应。

其次，色彩是构成展卖空间形式美感的重要因素，顾客在获取商品信息的同时，可以通过展卖空间的色彩体会到该空间的形式美感（图6-68）。展卖空间设计在通过空间形态传播商品信息的同时，也需要依靠色彩营造的情调、气氛和创造出的意境、新奇效果等影响顾客，使顾客获得美感，更有效接受商品信息。

再者，色彩是空间形态的表情，是任何因素都无法替代的，与空间形态共同构成展卖环境的空间及氛围。因此，要了解色彩的特征，对观众心理的影响，研究并合理运用色彩的变化规律及配色方法，实现色彩在

图6-68　2COEO商场店面空间

图6-69　某展卖空间内景

展卖空间中不可替代的重要功能，完成传播商品信息的目的。（图6-69）

（2）展示色彩设计的原则

①完善空间效果、突出展卖主题原则：色彩设计的定位应当以完善展卖空间、突出展卖主题为原则，根据展卖内容确定色彩风格与基调。要实现这一目的必须深入理解该展卖空间的商品风格和品牌特点，了解顾客的认识与诉求，把握展卖空间设计的功能特征与要求，充分调动色彩的这种要素及其表现力，进行科学的色彩定位，实现突出展卖空间主题、完善展卖空间的色彩设计原则与目的。（图6-70）

②色彩统一和谐的原则：保持展卖空间中的色彩设计在统一和谐的基础上寻求变化，形成基调，保持风格，诉诸情感。保持色彩的统一和谐是指展卖空间、道具及各种造型等都要保持统一的基调，尽量避免互不搭配、

图6-70　24 ISSEY MIYAKE Hakata专卖店

图6-71　武汉Kids moment温馨整洁的童装店设计

各行其道,而后再根据需要进行适度的变化,以引起顾客的愉悦,实现色彩的统一和谐(图6-71)。统一中的变化可以借助如墙面与地面的转折之间,展卖道具整体与其周边环境之间,版面中文字与底色之间,商品与台面之间,不同材质之间的变化关系,在保持统一整体的前提下去实现变化。

③丰富空间层次、突出商品的原则:商品是展卖空间中最主要的环节,如果空间中缺少层次变化,商品也会索然乏味,不易引起顾客的兴趣,因而要充分运用影响色彩的各种因素,如光照、材质、色相、明度、纯度等,按照展卖空间形态,丰富空间氛围的层次变化,给观众以心理的满足。在丰富展卖空间层次的同时要突出商品,使商品成为空间中的"主角"以引起观众的注意,进而准确地传达出商品内容的具体信息。(图6-72)

④注重借助照明、材质等表现力的原则:色彩本身就是可见光照到物体经过反射在人眼中的反映,展卖空间中所运用的材料有吸光、反光、发光的表面效果,它们在不同光照条件下会产生无比丰富的色彩变化。比如同一物体在分别被聚光灯、散光灯、冷色灯、暖色灯、电光源、漫反射光源等照射时,产生的色彩效果不同。同时,依托型体和材质变化同样会使色彩产生多元化丰富的效果,如玻璃、地毯、不锈钢、木质油漆、纸质、PVC等材质所表现出相同色彩的效果大不相同。不同的照明和材质相组合具备不同的表现力,充分

图6-72 某服装专卖店

图6-73 某服装店橱窗

发挥它们的特性,并运用到展卖空间的设计中是色彩设计的重要原则与方法。(图6-73)

4. 展卖空间中的材料

展卖空间中的材料是指用于建筑物内部墙面、天棚、柱面、地面等的罩面材料。严格地说,应当称为建筑装饰材料。装饰材料是体现设计师思想的媒介,是设计师展现给大众的"魔方",装饰材料对设计的表情达意,在室内空间设计中起着非常重要的作用。它通过一定的造型、质感、色彩,展现独特的室内空间环境。装饰以美化对象、愉悦心情为主要目的,它必须通过一定的材料来表现,而材料又起到为装饰增强、丰富个性化的作用。随着艺术观念的开放,用于艺术创作的材料已经涉及我们生活的各个领域。现代展卖空间是一个集地域性、文化性、时尚性为一体的,以营利为目的的场所。要设计个性化的现代展卖空间,不仅要熟悉我们所需要营造的这种空间的地域背景、文化氛围,更要充分地了解和掌握装饰材料的性能。只有这样,才能合理地选择所需材料,充分发挥每一种装饰材料的性能,才能满足展卖空间室内装饰的各项需求。

(1)材料的基本特征

①颜色

材料的颜色决定着三个方面:

A. 材料的光谱反射;

B. 观看时射于材料上的光线的光谱组成；

C. 观看者眼睛的光谱敏感性。

以上三个方面涉及物理学、生理学和心理学。但三者中，光线尤为重要，因为在没有光线的地方就看不出什么颜色。（图6-74）

人的眼睛对颜色的辨认，由于某些生理上的原因，不可能两个人对同一个颜色感受到完全相同的印象。因此，要科学地测定颜色，应依靠物理方法，在各种分光光度计上进行。

②光泽

光泽是材料表面的一种特性，在评定材料的外观时，其重要性仅次于颜色。光线射到物体上，一部分被反射，一部分被吸收，如果物体是透明的，则一部分被物体透射。被反射的光线可集中在与光线的入射角相对称的角度中，这种反射称为镜面反射。被反射的光线也可分散在所有的各个方向中，称为漫反射。漫反射与上面讲过的颜色以及亮度有关，而镜面反射则是产生光泽的主要因素。光泽是有方向性的光线反射性质，它对形成于表面上的物体形象的清晰程度，亦即反射光线的强弱，起着决定性的作用。（图6-75）

图6-74 某商场内景

③透明性

材料的透明性也是与光线有关的一种性质。既能透光又能透视的物体称为透明体。例如普通门窗玻璃大多是透明的，而磨砂玻璃和压花玻璃等则为中透明的。

④表面组织

由于材料所有的原料、组成、配合比、生产工艺及加工方法的不同，使表面组织具有多种多样的特征：有细致的或粗糙的，有平整或凹凸的，也有坚硬或疏松的等等。我们常要求装饰材料具有特定的表面组织，以达到一定的装饰效果。（图6-76）

图6-75 Bambini儿童时装店

⑤形状和尺寸

对于砖块、板材和卷材等装饰材料的形状和尺寸都有特定的要求和规格。除卷材的尺寸和形状可在使用时按需要剪裁和切割外，大多数装饰板材和砖块都有一定的形状和规格，如长方、正方、多角等几何形状，以便拼装成各种图案和花纹。（图6-77）

⑥平面花饰

装饰材料表面的天然花纹（如天然石材）、纹理（如木材）及人造的花纹图案（如壁纸、彩釉砖、地毯等）都有特定的要求，以达到一定的装饰目的。

⑦立体造型

装饰材料的立体造型包括压花（如塑料发泡壁纸）、浮雕（如浮雕装饰板）、植绒、雕塑等多种形式，

图6-76　某服装专卖店　　　　　　　　图6-77　某服装专卖店

这些形式的装饰大大丰富了装饰的质感，提高了装饰效果。

（2）装饰材料的属性美

装饰材料具有质感美、色彩美、性能美等基本属性。装饰材料的运用可以营造出各种不同的室内风格。材料作为装饰界定空间的物质，不仅有实质内容，更有视觉审美内容。在商业空间装饰设计过程中，合理地配置各种材料就是为了得到美的视觉和触觉效果。（图6-78至图6-80）

①材料美感的体现

材料的美感和功能可从多方面体现出来，如木材纹理别致、自然淳朴；石材富有光泽、稳重庄严；钢

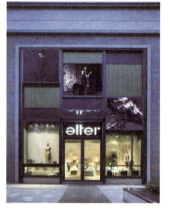

图6-78　恩波里亚购物中心　　　　　　图6-79　凹凸前沿设计概念店1　图6-80　凹凸前沿设计概念店2

铁坚硬深沉、挺拔刚劲；铝合金轻快、明亮；金银华丽高贵；塑料细腻、致密、光滑、优雅、轻柔；有机玻璃明洁透亮、富丽；纤维柔软、温暖。对这些装饰材料的认识和挖掘，在于充分地认识材料，使每一种材料都能得到恰当、理想的使用。

②质感与肌理的关系

肌理是指材料本身的肌体形态和表面纹理，它可以使材料的质感体现得更具体、形象，因此说肌理是质感的形式要素。在这里，我们将材料的质感称为材质，材质决定了材料的独特性和差异性。在装饰材料

的运用中，人们往往利用材质的独特性和差异性来创造富有个性的室内空间环境。例如，木材表面粗糙，给人感觉比较质朴，视觉较柔和；石材表面光滑，给人感觉比较坚实，视觉较耀眼。没有纹理的装饰材料，视觉单一平淡，缺乏真实感；有纹理的材料视觉丰富，有变化，富有真实感。粗质材料给人以粗犷朴实的感觉；细致材料给人以精致华丽的感觉。

5. 展卖空间中的道具

在现代商业展卖空间中，商业空间的环境艺术和展示道具在展卖空间中的应用正越来越被消费品牌企业所看重。当然，我们都知道，运用展卖空间环境艺术都是以提高产品品位，提升企业形象和展示效果，宣扬企业或产品品牌文化，使消费者认同产品品牌，达成成交为根本目的。那么，我们怎样才能将道具（展示架、展示柜、展柜、展台、装饰品等）恰当地艺术地运用在商业空间中，使商业空间的陈设、布置达到我们所需要的展示效果呢？

（1）用道具划分展卖空间，协调大的空间环境，使之和谐有序

利用道具进行展卖空间分隔是展卖空间设计中常用的手法，具有很大的灵活性和可控性，可以极大地提高空间的利用率和使用质量。展卖空间可以是开放型的商场空间，也可能是封闭式的各个品牌专卖店，空间格局也可能不规则，大小也不等同。因此，我们在空间设计时要充分利用时空连续的四维表现艺术方法，让人们在商场空间流动中不断地感受到卖场空间实体与虚形在造型、色彩、款式、规格、比例等多方面信息的体验，从而产生不同的空间感受。让人有一步一景，每一步都有不同的展示空间体验和感受。展卖空间中我们将道具当做屏风运用于空间分隔，既分隔界定了空间，又恰到好处地处理了空间的虚实、疏密关系，同时常常引起许多新的空间想象。因此，在大的商业空间中利用道具分隔出一系列的小空间展示不同的商品，形成独立的展示空间，分成两个或几个区域展示部分，这种分隔方式使空间更加合理、更加灵活、隔而不断、循环往复、连绵不绝，引导顾客参观所有的产品，同时也可以根据需要迁移或开合，方便使用，提高了展卖空间的使用效率和展示效果。（图6-81）

（2）以道具利用商业空间

道具是展卖空间环境展示功能的主要构成因素和载体。道具在商业空间中总是按照它的功能特性占据

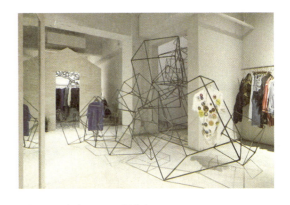

图 6-81　东京 Vintage 服装店

图 6-82　日本服装品牌 Trend Platter 上海店

一定的空间，它对展卖空间必然产生这样或那样的影响。而有些道具的设计其本意就是为了充分利用空间。一些匠心独具的道具设计，在商业展示空间的边角，消防栓处，配电箱处经常采用"借景"的手法设置花瓶、花架、枯山水、专业设计的道具等，使商业空间得到充分利用，也使商业空间不但显得充实且富有生机，还有遮丑的功能。充分地利用空间使其发挥最大的效率，是现代商业空间设计所追求的目标之一。尤其是在现代商业空间日益狭小，价格越来越高的情况下，因而需要通过道具的巧妙设计与合理的布置，来使商业空间得到充分的利用。多功能组合道具和可以移动位置、自由拆卸的道具实为缓和商业空间狭小的好方法。（图6-82）

（3）用道具限定商业空间

在商业空间中，道具按照展示商品的需要分隔空间的同时也对商业空间进行了限定，使之充分满足商品的展示与顾客更好的参观的双重需求。而人们不但对品牌产品的要求越来越高，也是对在消费过程中的感受有不可忽视的展示效果。不但追求物质的享受，还要追求在消费过程中及之后精神上的享受和空间的品位，并体验购物过程的心灵舒畅及快感。这就是需要在一个有限定的展卖空间内进行多种产品和功能的艺术分区限定。因此，在进行道具设计与布置时要配合空间内其他因素（如吊顶、灯光、地面、整体空间、景观绿化等），常常要对商业空间进行划分、围合和限定，从他而组织出丰富的空间层次，来满足消费者的购物体验。（图6-83）

（4）用道具丰富商业空间

道具在展卖空间中，它除了最基本的展示商品的功能外，还应具有审美的情趣，它还是对商业空间的点缀和产品或企业自我个性的展现。在使用道具的过程中，其功能尺度和质感应让人心满意足，而当它单独存在的时候，艺术风格则马上显现在空间中散发强烈的存在感。同时，其又不能喧宾夺主，抢了商品或企业形象的风头，这点也是现代展卖空间道具设计努力追求和寻求突破的重要方面。当然，有的道具本身，就是其企业形象的代表。（图6-84、图6-85）

综上所述，展卖空间在以消费者为中心的现代商业社会中，以让消费者体验到不可替代的全新的购物过程，从而对品牌产品和商业企业产生信任，达成交易。这里，道具作为展卖空间中的重要展示组成部分

图6-83 某精品服装店　　图6-84 某精品店

第六章 展卖空间

图 6-85　香港 HITGallery 概念零售店

将发挥越来越重要的作用。新的材料、新的工艺、新的设计理念、新的展示方法不断涌现，道具的设计样式也随之日新月异、层出不穷，如何在特定的展卖空间环境中去设计和布置道具显得尤为重要。当展卖空间确定之后，作为空间环境功能的主要构成因素和体现者，道具是展卖空间设计中最为重要的组成部分之一，其作用是非常重要的。

第四节　展卖空间创意与表达

1. 展卖空间的创意设计

展卖空间是依靠形、色、空间等视觉感受语言的表现，传达商品展示的目的意义。其展示功效的高低好坏主要是依靠设计者对展卖空间场所的科学安排和展示商品视觉传达的专业经验，尤其是创新的视觉感受设计。展卖空间设计创意的表达，是展卖主题概念和商品信息传播的需要。不同的创意设计法，表达着不同的展示理念与创意，展卖空间的创意设计应注意以下几方面：

（1）主题理念与设计定位

展卖空间是一种有主题意义的空间，展卖的主题是空间的灵魂。空间的生成需以主题为核心，以展现"商品"、传达"商品"信息来展开。设计师必须清楚在展卖空间设计时，一定先要有一个明确的主题理念及设计定位。展卖空间的主题是围绕商品的主题而展开空间的叙述，通过空间的规划对商品进行归纳重构。用主题去连接时间和空间，形成富有创意的展卖空间，使展卖空间设计的理念更符合商品主题的要求，从而突出商品的功能、性质与概念。（图6-86）

（2）真实性与艺术表现

展卖空间设计必须注重商品信息传达的真实性、准确性，不能一味夸大其词、虚张声势。否则，就会造成误导，从而失去消费者的信誉，失去市场。在强调传达商品真实性的同时，并不意味着否定展示艺术表现手法的丰富性。现代展卖空间，从另外一个角度讲可以说是一个企业品牌的代言"人"，代表了该品牌在某段时期的营销理念和经营方针，

图 6-86　HACKETT 圣诞节橱窗

图 6-87 伦敦塞尔福里奇百货 Louis Vuitton 店面设计

设计中通过强调空间造型、标志、文字、图形、色彩等来突出商品的文化内涵，突出品牌的个性符号和强烈的感染力，营造特定的氛围，将商品的形象与展卖空间形象结合起来，从而塑造、维护和提升商品的形象，令消费者对商品产生浓厚兴趣并产生共鸣。（图 6-87）

（3）新颖独特的展示造型设计

为了加强展卖空间造型的视觉冲击力，吸引观众的视线，展卖的空间造型形态设计可摆脱传统、颠覆常规，用一些不符合常规比例与造型，运用新造型、新思想、新美学，给人新奇感，运用夸张、虚拟的手法，把现实生活中不可能实现的景象搬到观众面前，突出形态、形式与震撼力，表现出超现实的偶然性与戏剧般的展示效果，力求在有限空间内创造"空间无限感"以吸引消费者，给消费者留下深刻的展示印象。（图 6-88、图 6-89）

图 6-88 SORBET 服装店店面设计　　　　图 6-89 某购物中心

2. 展卖空间设计赏析

（1）案例一：13 个"生活方式实验室"——泰国商业综合体室内设计

设计公司：nendo

位置：泰国

摄影师：Takumi Ota

nendo 受邀为位于曼谷、五层高的大型商业综合体"Siam Discovery"进行了室内外的全面改造设计。狭窄的前方街道阻碍了建筑前侧人流的自由通行，而设计师将内部的数个中庭空间扩大、连通，在建筑内部形成了长达 58 米、如峡谷般的连续空间，将人流从前端两侧的入口直接引向建筑的后侧，弱化了前侧街道的负面影响。沿中庭一侧，202 个内嵌显示屏、数字标识系统和商品陈列台的框架"盒子"组成了一道墙壁，向人们展示着所在楼层贩卖的各式商品。这道贯穿了上下四层的"墙壁"同样起着引导作用，将聚集在一层的客人疏散到各个角落。重新放置的手扶梯在中庭和"墙壁"空隙中穿梭，带来更流畅的流线设计和丰富的空间体验。

建筑入口空间，人流经此被引向建筑后侧，如图 6-90、图 6-91 所示。

中庭处的框架"盒子"墙壁，如图 6-92 所示。

框架"盒子"在各层的延伸，如图 6-93 所示。

这座全新的商业综合体由一个零售购物中心和一个百货商店组成。设计师不仅针对综合体的公共区域进行了统一的设计，同时也为占据建筑绝大部份空间的大量个体商户提供了服务。相比其传统商业建筑中按

图 6-90

图 6-91

图 6-92

图 6-93

品牌划分空间的做法，设计师围绕不同主题的"生活方式实验室"进行了商品陈列，以鼓励消费者探索和体验不同的产品和生活方式。13个特色鲜明的展示区分布在商业中心的各个角落，设计师引入了烧杯、烧瓶、试管等实验器材以及分子结构图形、DNA序列、显微镜、阿米巴虫、烟雾和气泡等元素以呼应"实验室"这一设计理念。而商业空间内独特的装饰元素也作为点缀，出现在公共空间的地板和天花之上，不仅将彼此割裂的空间联系在一起，也消除了消费者心理上的隔膜，让他们得以毫无压力的在不同空间中穿行、漫步。

公共空间，如图6-94所示。

公共空间与零售空间在装饰元素上的融合，如图6-95至图6-98所示。

此外，设计师还创造了一个名为"探索者"的人物形象，作为"Siam Discovery"的吉祥物。在设计中反复出现的方形元素变成了这个小人的脑袋，微微打开的盖子仿佛将随时涌现的灵感和想法，代表着它无穷尽的好奇心和创造力。"探索者"出现在商店的各个角落，指引人们前行，同时，它也作为开幕式

图6-94

图6-95

图6-96

图6-97

图6-98

当晚来自国内外30位艺术家的创作原型，被打造成专属的装饰品。

各据特色的零售空间，如图6-99至图6-107所示。

（2）案例二：新旧文明的碰撞与融合——佛山甜品店设计

设计公司：REIICHI IKEDA DESIGN

位置：中国

面积：61.97m²

摄影师：Yoshiro Masuda

来自日本的"8b DOLCE"通过甜品将微笑和欢乐传达给世人。如今，他们正式来到佛山——一座位于广东南部，东临广州，南接香港、澳门的小城。项目位于传统文化保护区佛山新天地之内，建筑师在凝结了古人智慧的传统建筑之内打造了一个充满现代文明气息的商业空间，砖、瓦、木材和玻璃、钢、混凝

第六章 展卖空间

图 6-99

图 6-100

图 6-101

图 6-102

图 6-103

图 6-104

图 6-105

图 6-106

图 6-107

土的碰撞带来了强烈的新旧对比，却又奇妙地融合在一起。室内空间将跟随时代的变迁不断变化，一点点累积出丰富的时间和空间层次。（图 6-108 至图 6-115）

（3）案例三：纯净空间——西班牙眼镜店设计

设计公司：arnau estudi d'arquitectura

位置：西班牙

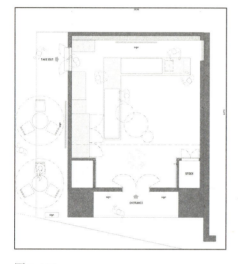

图 6-108

图 6-109

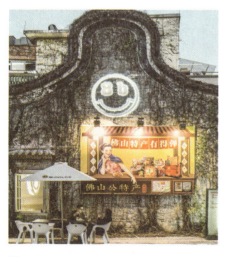

图 6-110

图 6-111

图 6-112

图 6-113

图 6-114　　　　图 6-115

第六章 展卖空间

曾有一位诗人说过："在梦中我可以更清楚地看到这个世界。"但对于更多的平凡人来说，如何能在漫漫长日中看清这个世界更为重要。因此，当 arnau estudi d'arquitectura 接到这个来自眼镜店的委托方案时，首先跃入建筑师脑海的便是一个干净、明亮、整洁的商业空间。一切的不确定因素都被排除在外，空间的氛围将与其所销售的商品相得益彰。

骑楼下的眼镜店，如图 6-116 所示，建筑师保留了店铺原有的能带来大量自然光线的落地玻璃窗，甚至以其为模板向内延伸，用 7cm×7 cm 的木条搭建起了一个木质框架结构，形成了通往内部的门廊、大门两侧的展示空间以及其间的空心结构柱体。

保留的木质框架落地玻璃窗、门廊和展示空间，如图 6-117 所示。

新建的木质框架结构形成了一个连续的空间过渡，如图 6-118 所示。

过渡的门廊空间，如图 6-119 所示。

在门廊后方，商店内部的开敞空间中除了常规的服务和销售空间外，还有本次设计的亮点——检查室。根据前期收集到的数据，建筑师摈弃了传统眼睛店设计中的封闭式检查室，而是将其置于店铺的中央，一面半透明玻璃货架的后侧。在检查室的左侧则是咨询、办公、储藏等服务性空间，这些封闭的小房间同时

图 6-116

图 6-117

图 6-118

图 6-119

也掩盖了商铺不规整的内部空间和局部低矮的天花板。

常规性服务和销售空间，如图 6-120 至图 6-122 所示。

半透明玻璃货架的后侧的检查室，如图 6-123 所示。

在透明的落地玻璃窗、室内的半透明磨砂玻璃、纯白的家具中，木质框架突围而出打破了纯粹氛围，为商店带来一抹鲜活的色彩。这个层次丰富、创意十足的商业空间将为更多清醒的平凡人带来清晰的世界。

图 6-120　　　　　　　　　图 6-121　　　　　　　　　图 6-122

干净、明亮、活跃的眼镜店，如图 6-124 所示。

（4）案例四：专注社交的家具卖场——TOG 概念店

设计公司：Triptyque Architecture

位置：巴西

图 6-123　　　　　　　　　图 6-124

总面积：2108.40 m²

世界上第一家 TOG 概念店日前在圣保罗金融中心的法利亚利马大道上开业。一整栋建筑被 Triptyque 的设计师 Philippe Starck 改造，用作 TOG 的全球旗舰店。（图 6-125）

TOG 是一个高品质但是却具有普世价值观的家具品牌，并且可很容易为用户实现定制产品，因为他们将设计师、客户、工匠、艺术家和厂商的链条都打通并串联起来了。（图 6-126、图 6-127）

这座旗舰店不是简单的卖场，而是一个多功能的社交场所，客人可以在这里用餐、喝酒、跳舞、阅读甚至是了解品牌历史。旗舰店作为一个多用途的生活空间，旨在成为城市中欢乐的社交中心。

设计将原有老建筑的粗糙墙面保留，让其与精致的新地面形成鲜明对比，天花板结构暴露，可以直接看见灯具以及管线。大空间中没有固定的墙

图 6-125

图 6-126　　　　图 6-127

面,这是为了适应未来多种灵活的变化。从地下一层到地上两层,布置着仓库、展厅、办公室、花园以及新餐厅。(图 6-128 至图 6-137)

图 6-128

图 6-129

图 6-130

图 6-131

图 6-132

图 6-133

图 6-134

图 6-135

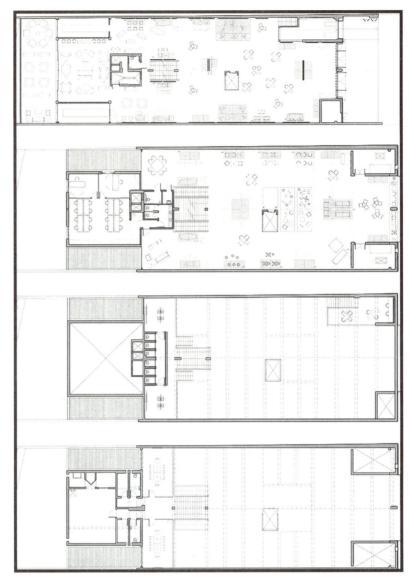

图 6-136

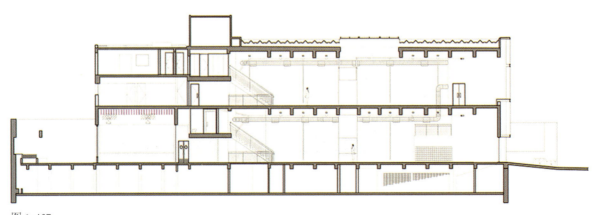

图 6-137

第七章 餐饮空间

第一节 项目调研分析

1. 现场测量

实地考察和观察，是餐饮空间设计的基本方法。只有亲自去考察、比较各个餐饮空间的情况，如雅座、散席、包房、厨房、卫生间等，了解各个空间的氛围、需求、工作人员的工作流程、宾客的交通流程、厨房的功能分区流程等，才能进行有效的功能、交通、空间秩序的思考。

2. 建筑内外环境分析

建筑的室外环境会通过围护结构直接影响室内的环境，而室内的热湿环境、室内的空气品质、建筑的声环境、建筑的光环境等又会影响人体的舒适性和健康，对室内人员的工作效率有显著影响。对各种因素进行分析，并对室内空气品质、室内声环境以及室内光环境作出评价，有助于我们进行室内方案的设计。

3. 洽谈沟通

为了更好地与业主交流，需要提供餐饮空间的设计说明，让业主更好地理解并达成设计的思想定位和协调统一意见，以文件的形式签订设计的下一步工作。

课后实训：

（1）调研餐饮空间现场，并测量建筑尺寸。
（2）与客户进行洽谈沟通，了解客户设计要求。

第二节 餐饮空间设计程序

实施步骤：

(1) 绘制原始平面图
(2) 制订初步设计方案

方案设计阶段是在设计策划基础之上运作的，将收集的资料进行整理，准确地设计定位，进行设计构思，从容地进入设计阶段，再对设计方案进行比较归类。

首先要制定设计任务书，计划设计时间表，按照时间有序进行，才能顺利完成任务；其次，了解业主的项目计划任务非常重要，需要与业主交流、沟通、协调并达成目标共识，包括市场定位、经营定位、设计理念等，并以书面的合同文件形式加以确立。在以上过程中，重要的是要理解业主的资金投入情况，掌握了资金投入情况才能决定设计、预算和造价，预测设计所要达到的设计水平。万事俱备，还需要提供项目的系列的设计图纸，这些图纸包括了平面设计图、吊顶图和主要立面设计图，另外还需要提供功能的平面设计和铺装的平面设计，所有图纸必须是按照制图标准进行绘制，有比例和精确尺寸，有墙（基础）、窗、柱、家具等的尺寸和材料附加说明和工艺设计要求等，用以说明设计的意图。

（3）制定平面规划图

设计意向明确后，需要制定平面规划图，明确空间的方位、尺寸及室内家具陈设的摆放方位，方便设计师展示设计方案的合理性与功能性，方便业主了解设计师的初步设计方案是否符合需求，促进双方的进一步深入沟通。

总之，餐饮空间的设计程序，首先是调查、了解、分析现场情况和投资数额；其次是进行市场的分析研究，做好顾客消费的定位和经营形式的决策；第三是充分考虑并做好原有建筑、空调设备、消防设备、电器设备、照明灯饰、厨房、燃料、环保、后勤等因素与餐厅设计的配合；然后确定主题风格、表现手法和主体施工材料，根据主题定位进行空间的功能布局，并做出创意设计方案效果图和创意预想图；再和业主一起汇审、修整、定案；最后进行施工图的扩初设计和图纸的制作：如平面图、天花图、地坪图、灯位图、立面图、剖面图、大样图、轴测图、效果图、五金配件表、灯具灯饰表、室内装饰陈列品选购并制作好详尽的设计说明等。

餐饮空间的设计程序具体可表示如下：

熟知现场 →了解投资→分析经营→ 考虑因素→决定风格→创意方案图 → 审核修整 → 设计表达（平面图、立面图、结构图、效果图、设计说明等）→ 材料选定→跟进施工→ 家具选择 →装饰陈设→调整完成。

课后实训：

（1）用 CAD 软件绘制现场测量的建筑空间尺寸。
（2）进行餐饮空间平面规划。
（3）制作餐饮空间设计方案策划书。

第三节 餐饮空间项目基础知识

1. 餐饮空间设计发展趋势

（1）特色化

特色始终是餐饮项目的生命线。无论是经营特色、地域特色、文化特色还是主题特色，均可使餐饮项目以其独特的菜肴品式、风格氛围、文化韵味或经营方式，给顾客带来高度的饮食享受和精神满足，从而赢得客户的忠诚，获得稳定的客源。

利用各种风格和流派进行的设计，如用中国传统建筑室内设计风格，雕梁画栋，小桥流水，室外大红灯笼高高挂，门前摆放石狮子，室内墙上悬挂中国画，镶嵌龙凤图样，供奉关公、财神爷，餐饮、餐桌，餐椅等传统家具古色古香（图7-1、图7-2）。运用"主题性"餐厅设计，如清式餐厅，青花陶瓷贴面，青花瓷陈设、国画、清式家具以及穿戴清式服饰，就连灯具都是古色古香的传统样式，给人一种仿佛时光倒流到了清朝的感觉。(图7-3 至图7-6)

（2）数字化

借助于机械、建筑、光、声、电、计算机、数字化等多种高科技手法，主题餐厅将会更具有科技感和现代感，或再现真实的主题环境 (图7-7 至图7-10)。图7-11 所示为伦敦 Inamo 餐厅，使用互动的点触服务系统，

第七章 餐饮空间

图 7-1

图 7-2

图 7-3

图 7-4

图 7-5

图 7-6

将餐桌变成一个触摸菜单。顾客可直接点菜、玩游戏，并可根据喜好调整风格。

(3) 情感化

人的心理和行为在很大程度上会受环境的影响和左右，因此营造轻松快乐、富有情趣的餐饮氛围，唤起客人的某种情感，为客人之间、客人与服务人员之间创造良好的交流平台，获得顾客的情感认同，始终是

图 7-7

图 7-8

图 7-9

图 7-10

图 7-11

餐饮经营的核心之一。设计者可通过餐厅的布置、菜品的制作等体现某种特定的情感氛围，让客人在享受美食的同时对环境产生一种情感的认可和依赖，从而生成发自内心的归属感，如此可为餐饮项目带来长远的经营收益。（图7-12至图7-15）

图7-12　　　　　　图7-13　　　　　　图7-14　　　　　　图7-15

(4) 生态化

生态餐饮是以生态环境为依托的一种经营模式。经营者将养殖、观光、采摘、加工等休闲娱乐活动融入餐饮经营，并通过种植绿色植物、点缀山石、利用绿色能源等手段，营造出充满自然气息、轻松舒适、清洁美好的餐饮环境，从而获得人们对食物品质的信赖和对餐饮环境的由衷喜爱。生态餐饮不但为顾客提供新鲜的餐饮产品和生态化餐饮环境，还具有一定的休闲娱乐功能，是一种发展前景良好的餐饮模式。（图7-16至图7-19）

2. 餐饮空间分类

餐饮空间按照不同的分类标准可以分成若干类型。首先，"餐"代表餐厅与餐馆，而"饮"则包含西式的酒吧与咖啡厅，以及中式的茶室、茶楼等。其次，餐饮空间的分类标准包括经营内容，规模大小及其布置类型等。

图7-16　　　　　　图7-17　　　　　　图7-18　　　　　　图7-19

(1) 按照经营内容分类

① 高级宴会餐饮空间

主要是用来接待外国来宾或国家大型庆典、高级别的大型团体会议以及宴请接待贵宾之用。这类餐厅按照国际礼仪，要求空间通透，餐座、服务通道宽阔，设有大型的表演和演讲舞台。一些高级别的小团体贵宾用餐要求空间相对独立、不受干扰、配套功能齐全，甚至还设有接待区、会谈区、文化区、娱乐区、康体区、就餐区、独立备餐间、厨房、独立卫生间、衣帽间和休息卧室等功能空间。（图7-20）

② 普通餐饮空间

主要是经营传统的高、中、低档次的中餐厅和专营地方特色菜系或专卖某种菜式的专业餐厅，适应机关团体、企业

图7-20

接待、商务洽谈、小型社交活动、家庭团聚、亲友聚会和喜庆宴请等。这类餐厅要求空间舒适、大方、体面、富有主题特色，文化内涵丰富，服务亲切周到，功能齐全，装饰美观。（图 7-21、图 7-22）

图 7-21

图 7-22

③ 食街、快餐厅

主要经营传统地方小食、点心、风味特色小菜或中、低档次的经济饭菜，适应简单、经济、方便、快捷的用餐需要。如茶餐厅、食街、自助餐厅、餐厅、"大排挡"、粥粉面食店，等等。这类餐厅要求空间简洁、运作快捷、经济方便、服务简单、干净卫生。（图 7-23、图 7-24）

图 7-23

图 7-24

④ 西餐厅

西餐厅主要是满足西方人生活饮食习惯的餐厅。其环境按西式的风格与格调并采用西式的食谱来招待顾客，分传统西餐厅、地方特色西餐厅和综合、休闲式西餐厅。前者主要经营西方菜系，以传统的用餐方式和正餐为主的餐厅，有散点式、套餐式、自助餐式、西餐、快餐等等的街头快餐。后者主要是为人们提供休闲交谈、会友和小型社交活动的场所，如咖啡厅、酒吧、茶室等。（图 7-25、图 7-26）

(2) 按照空间规模分类

① 小型：是指 100 ㎡ 以内的餐饮空间，这类空间比较简单，主要着重于室内气氛的营造。

② 中型：是指 100～500 ㎡ 的餐饮空间，这类空间功能比较复杂，除了加强环境气氛的营造之外，还要进行功能分区、流线组织以及一定程度的围合处理。

③ 大型：是指 500 ㎡ 以上的餐饮空间，这类空间应特别注重功能分区和流线组织。

图 7-25

图 7-26

(3) 按照空间布置类型分类

①独立式的单层空间：一般为小型餐馆、茶室等采用的类型。

②独立式的多层空间：一般为中型餐馆采用的类型，也是为大型的食府或美食城所采用的空间形式。

③附建于多层或高层建筑：大多数的办公餐厅或食堂常属于这种类型。

④附属于高层建筑的裙房：部分宾馆、综合楼的餐饮部或餐厅、宴会厅等大中型餐饮空间。

3. 餐饮空间设计的目的

餐饮空间设计原则及目的主要包括吸引顾客、提高经营效益、凸显品牌特色，以及利于作业、保证设备良性运行等方面。

首先，设计者应了解项目营销战略、营运模式及主要竞争对手等相关情况，根据所在区域餐饮市场状况、目标客户群的心理需求和经济承受能力、所经营餐饮项目的投资额度以及视觉识别系统等因素，确定档次标准，明确空间主题，定位风格及文化特色，树立鲜明的品牌形象，以便能吸引目标客户群进入和享受服务，使客人在进餐过程中获得深刻而良好的印象。

其次，根据目标客户群行为模式及心理需求等因素确定包房、卡座、敞座的数量和座位数；根据餐饮服务行为模式、经营管理需求、饮食制作的相关流程及标准要求进行辅助区域的功能布局，做到便捷高效、生熟分区、洁净安全；满足声效、光效、通风、排烟、温湿度、消防等环境物理及安全技术指标要求。

总之，通过系统、合理的分析与设计，使餐饮空间能够满足使用功能、精神功能、技术功能、经营功能、管理功能的要求，确立和突出品牌形象及特色，所经营的餐饮项目始终具有强劲的生命力。

4. 餐饮空间设计的基本原则

(1) 空间功能布局合理，不同功能空间面积的大小要满足使用功能的需要。

(2) 装修风格与桌椅、窗帘等陈设应协调、统一，注意考虑不同的地域文化和风土人情，并具有自己的特色和个性。

(3) 科学的动线设计。餐饮空间的动线部分不仅牵涉到整个餐饮作业的流程和不同功能区域间的联系，而且关系着各项工作的流畅与否，对于服务的品质及顾客的感受，也都有着相当的影响。在动线设计时，服务员的服务路线尽量避开顾客就餐路线，尽量不要穿越其他客人用餐空间。服务路线通常以短为好。应尽量设置专门工作人员和厨房送货、购物等通道，避免从餐饮空间大厅出入。

(4) 厨房尽量设置在餐饮空间的某一端尽头，厨房里的环境不要直接暴露给在坐席处用餐的客人。

(5) 地面选用易清扫、耐污、耐磨、防滑、便于手推车推动的装饰材料。如花岗石、大理石、地砖等。根据需要，档次高的酒店包房和宴会大厅也可以铺设地毯。

(6) 在空间面积许可的情况下，应设置就餐等候休息区。餐厅桌椅应设置不同大小的规格，以满足两三个或七八个不同就餐人数的需求。桌椅排布组合既要与餐饮文化相匹配，还要考虑实用性与灵活性。

(7) 餐饮空间应有良好的声学、通风、采光环境，室内空间的照度要求应与塑造的环境氛围一致。

(8) 将生态化、绿色化的设计理念（绿化、小品、景观等）贯穿设计始终。

(9) 注意"安全"设计。无论是防火建材的选择、餐桌间隔的距离、防火设施、逃生口的动线与标示，都要符合消防规范，不能有丝毫疏漏。

第四节 餐饮空间项目专业知识

1. 餐饮空间设计的内容

餐饮空间设计涉及的范围很广，包括餐馆选址、餐馆室内外设计、陈设和装饰等许多方面。

餐馆设计的基本内容可以从两个角度来进行划分。从空间位置上，餐馆设计的内容主要分为餐馆外部卖场设计及餐馆内部设计，具体包括：

(1) 餐馆外部设计方面

① 餐馆选址

② 餐馆外观造型设计

③ 餐馆标识设计

④ 餐馆门面设计

⑤ 餐馆橱窗设计

⑥ 店外绿化布置

(2) 餐馆内部设计

① 餐馆室内空间布局设计

② 餐馆动线设计

③ 餐馆主体色彩设计

④ 照明的确定和灯具的选择

⑤ 家具的配备、选择和摆放

⑥ 地毯及其他装饰织物的选择及铺放

⑦ 餐具的选择和配备

⑧ 室内观赏品、绿化饰品的陈设

⑨ 服务流程与服务方式设计

⑩ 员工形象及服饰设计

⑪ 餐馆促销用品设计

⑫ 餐馆促销活动设计

2. 餐饮空间的特点

餐饮空间设计之前，需要了解餐饮空间设计的特点，这些特点包括了设计之前的市场定位、餐饮空间的功能特点、餐饮空间的陈设特点以及餐饮空间设计的特点。这些特点的了解是具体的、实际的，设计的过程是一个整合的过程，具体需求的过程。

(1) 餐饮空间设计的市场定位

不同的投资方所经营的宾馆、酒店等餐饮空间的定位各有不同，根据客源市场的不同、功能性要求的不同，设计上表现为不同的特点。商务型酒店接待的是商务旅行的客人，突出的是办公、会议、商务、宴请等功能，旅游、度假型酒店突出的是度假和休闲功能，以住宿、餐饮为主，其他为辅。而餐饮空间中的中餐厅、西餐厅、自助餐厅、风味餐厅、宴会餐厅、咖啡厅、酒吧、茶馆、冷饮店等提供用餐、饮料等服务的餐饮场所，这种空间不仅提供了享用美味佳肴的场所，还具有人际交往和商贸洽谈的功用。

(2) 餐饮空间的功能特点

餐饮空间，由于各种类型餐饮空间的不同，功能上有些变化和差异，但总体而言需要有提供酒水和财务结账的服务前台，等候区、雅座区、散席区、包房区、厨房区域、行政后勤区、卫生间等。总体布局时，把入口、前台作为第一空间序列，把大厅、包房、雅座作为第二空间序列，把卫生间、厨房及库房作为最后的序列，功能上划分明确，减少相互之间的干扰。餐饮空间设计的目的在于创造一个合理、舒适、优美的餐饮环境，以满足人们的物质和精神需求。动态设计是餐饮空间的设计重点之一。设计时应综合考虑，合理的规划才能使效率达到最优，它不仅牵涉整个餐饮作业的流程和不同技能区域间的联系，而且，也关系着各项工作的流畅与否，也影响顾客对于服务品质的感受。

(3) 餐饮空间的陈设及设计特点

类型、投资经费、地域和消费群体等方面的不同成为制约餐饮空间设计和陈设布置的因素。

装饰陈设与装饰的风格有关，但陈设的物品主要包括：花卉、树木、器物、酒具、绘画作品、各种装饰的贴面、各种柱子柱式、灯具以及其他当地地域性的动植物或生活生产器具，也包括家具本身。一种是物质性或者说是功能性产生出来的陈设或装饰，如家具；另一种是为了精神需求或装饰美化，如绘画作品。当然两者也很难绝对分开，或者两者皆有。（图7-27至图7-30）

图7-27　　　　　　　　　图7-28　　　　　图7-29　　　　　　　图7-30

3. 餐饮空间的人体尺度及功能要求

餐饮空间设计的面积要满足使用功能的需要，一般按照1.0～1.5m²/座来计算，也有按照1.85m²/座来计算的。计算每座的使用空间，如果过大，则浪费劳力，影响效率；如果过小，则产生拥挤之感。

(1) 餐饮功能区

① 门厅和顾客出入口功能区

门厅是独立式餐厅的交通枢纽，是顾客从室外进入餐厅的过渡空间，也是留给顾客第一印象的场所。因此，门厅的装饰一般较为华丽，视觉主立面设店名和店标。根据门厅的大小还可设置迎宾台、顾客休息区、餐厅特色简介等。（图7-31）

② 接待区和候餐功能区

休息厅是从公共交通部分通向餐厅的过渡空间，主要是迎接顾客到来和供客人等候、休息、候餐的区域。

休息厅和餐厅可以用门、玻璃隔断、绿化池或屏风来加以分隔和限定。（图 7-32）

③ 用餐功能区

用餐功能区是餐饮空间的主要重点功能区，是餐饮空间的经营主体区，包括餐厅的室内空间的尺度、功能的分布规划，来往人流的交叉安排，家具的布置使用和环境气氛的舒适等等，是设计的重点。用餐功能区分为散客和团体用餐席，单席为散客，两席以上为团体客。有 2～4人／桌、4～6人／桌、6～10人／桌、12～15人／桌。餐桌与餐桌之间、餐桌与餐椅之间要有合理的活动空间。餐厅的面积可根据餐厅的规模与级别来综合确定，一般按 1.0～1.5 ㎡／座计算。餐厅面积的指标要合理，指标过小，会造成拥挤；指标过大，会造成面积浪费、利用率不高和增大工作人员的劳动强度等。

图 7-31

图 7-32

④ 配套功能区

配套功能区一般是指餐厅营业服务性的配套设施。如卫生间、衣帽间、视听室、书房、娱乐室等非营业性的辅助功能配套设施。餐厅的级别越高，其配套功能就相应越齐全。有些餐厅还配有康体设施和休闲娱乐设施，如表演舞台、影视厅、游泳池、桌球、棋牌室等。

卫生间要容易找，卫生间的入口不应靠近餐厅或与餐厅相对，卫生间应宽阔、明亮、干净、卫生、无异味，可用少量的艺术品或古玩点缀，以提高卫生间的环境质量。

衣帽间是供顾客挂衣帽的设施，也是餐馆为客人着想的体现，衣帽间可设置在包房里，占用面积不需要很大。设衣架、衣帽钩、穿衣镜和化妆台等。

视听室、书房、娱乐室为顾客候餐时或用餐后小憩享用。一般设置电视机、音响设备、书台、文房四宝、书报等。

餐厅的空调系统、消防系统、环保系统、燃料供应系统、油烟排放系统、电脑网络系统、音响系统、监控系统、照明系统等设备也是构成餐厅配套设施的几大要素。

⑤ 服务功能区

服务功能区也是餐饮空间的主要功能区，主要是为顾客提供用餐服务和经营管理服务的功能。

备餐间或备餐台是用来存放备用的酒水、饮料、台布、餐具等菜品，一般设有工作台、餐具柜、冰箱、消毒碗柜、毛巾柜、热水器等。在大厅里的席间增设一些小型的备餐台或活动酒水餐车，供备餐上菜和酒水、餐具存放之用。

收银台通常设在顾客离席的必经之处，也有单独设置在相对隐蔽的地方。收银台一般是结账、收款之用，设有计算机、账单、电脑收银机、电话及对讲系统等，高度1000～1100 mm为佳。

营业台的功能是接待顾客、安排菜式以及协调各功能区关系等。设有订座电话、电脑订餐、订餐记录簿。营业台高度一般在750～800 mm，宽度700～800 mm，配有顾客座椅和管理人员座椅等。

酒吧间供应顾客饮料、茶水、水果、烟、酒等。一般有操作台、冰柜、陈列柜、酒架、杯架等。服务功能区一般设在大厅显眼位置并靠近服务对象。

（2）制作功能区

制作功能区的主要设备有消毒柜、菜板台、冰柜、点心机、抽油烟机、库房货架、开水器、炉具、餐车、餐具等。厨房的面积与营业面积比为3：7左右为佳。一般的制作流程是：采购进货→仓库存储→粗加工→精加工→烹煮加工→明档加工→上盘包装→备餐间→用餐桌面。

厨房的各加工间应有较好的通风和排气设备。若为单层，可采用气窗式自然排风；若厨房位于多层或高层建筑内部，应尽可能地采用机械排风。厨房各加工间的地面均采用耐磨、不渗水、耐腐蚀、防滑和易清洁的材料，并应处理好地面排水问题，同时墙面、工作台、水池等设施的表面均应采用无毒、光滑和易清洁的材料。

第五节 空间设计细节

1. 中餐厅设计

由于民族文化背景的不同，中国和西方国家的餐饮方式及习惯有很大的差异性。总的来说，中国人比较重群体、重人情，喜用圆桌团体吃饭，讲究热闹和气氛；西方人重个体、重规则，吃饭喜用矩形桌（长方形），就餐时更强调私密性和情调。因此，中餐厅和西餐厅在设计风格上就有很大的差异性。（图7-33）

设计要点：

(1) 中式餐厅常借鉴和运用中国传统建筑形式的符号、色彩和视觉元素进行空间装饰与塑造，营造中国传统的餐饮文化氛围。如吊顶藻井形式的运用、宫灯灯具的选择、斗拱的建筑形式处理、庭院园林的绿化设计方式，以及传统书画、挂饰等装饰物件的运用等。（图7-34、图7-35）

(2) 中式餐厅的设计，仅仅照抄照搬传统元素是不够的，还要结合现代装饰材料和设计创新，才能传达时代气息，设计出理想的、现代式的中式餐厅。比如，把传统的宫灯从灯的造型、颜色、选材等方面进行创新设计，把园林式格棚门窗等建筑造型元素结合现代装饰材料进行提炼运用于餐厅空间装饰等，都是当今比较流行的设计方法。（图7-36）

(3) 中式餐厅餐桌和餐椅的选择与装饰空间整体风格要一致。餐桌形式以圆形和方形为主，通常设置有四人桌、八人桌、十人桌等坐席，在包房根据需要还可以设置十六人桌、十八人桌等坐席。（图7-37、图7-38）

图7-33　　　　　　　　　　图7-34　　　　　　　　　　图7-35

(4) 在灯源的选择上，白炽灯的显色性较好，比较适合中餐厅的主照明灯源；从装饰效果来讲，可适当用节能灯、日光灯等进行混合搭配，忌用五颜六色的彩色灯源。

(5) 选用中式宫灯进行重点照明是中餐厅灯光设计常用的手法，它能增强就餐环境的文化内涵，并可以增强餐厅气氛，但只适合于室内空间较高的餐厅，而且灯具的数量要适中，过多则显零乱。（图7-39）

(6) 中国不同民族、地域的文化差异很大，在设计时，还应考虑地域文化的差异特征。特殊的民族性灯饰也经常用于民族风俗性强的中式餐厅，对于民族的风味餐厅，在灯具的选用上应考虑带有民族特色的灯具。同时，中式餐厅的装饰风格以及家具陈设、餐具等方面都应围绕民族文化特点进行整体设计与布置。中式餐厅一般的照度标准是150~200lx。（图7-40）

2. 西餐厅设计

西餐厅是主要供应西方某国特色菜肴为主的餐厅，如法式餐厅、意大利餐厅、德国餐厅等，因此在设计时应考虑不同国家的民俗习惯和文化特点，对于不同定位的西餐厅装修风格也应有所不同。（图7-41、图7-42）

图 7-36

图 7-37

图 7-38

图 7-39

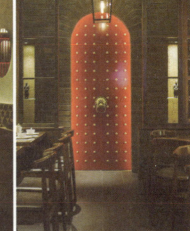

图 7-40

设计要点：

(1) 在设计西餐厅时，应注重讲究就餐环境氛围的营造，设计形式和装饰特点常为欧式古典设计风格的文脉传承。如运用欧洲建筑中的罗马柱、铸铁花、拱券、欧式装饰线条等典型元素进行创新提炼，通过现代化的装饰材料和装饰手段运用于设计中。（图7-43至图7-46）

图7-41

图7-42

图7-43

图7-44

图7-45

图7-46

(2) 西餐厅设计还可以运用与欧洲古典建筑风格迥然不同的、富有乡土气息的田园风格形式塑造餐饮环境，比如大量运用木、砖、石等乡土气息很重的装饰材料，大量地设置不同类型的绿化植物等。总之，西餐厅装修风格既要富有异域情调，同时也要结合近现代西方的装饰流行特点灵活运用。（图7-47）

(3) 西餐厅的灯光设计应强调高雅和安宁，光线的设计不同于中式餐厅的"灯火辉煌"，而是以柔和为美。

(4) 西餐厅餐桌上常用精致的烛光和美丽的鲜花进行点缀。（图7-48）

3. 快餐厅设计

快餐厅设计应把握"快"的准则。在空间的处理上应简洁明快，不宜做过多的装饰，色彩的选用上也常用原色制造令人紧张的氛围，以免顾客长时间逗留。（图7-49）

图7-47

图7-48

设计要点：

(1) 坐席位设置不宜过于宽敞和舒适，便于客人尽快流动。

(2) 照明设计应采取简洁、明快的照明方式，照明灯具及形式不限，但要能使整个空间明亮，而且照度均匀。

图7-49

第六节 餐饮空间创意与表达

1. 餐饮空间的创意设计

创意是餐饮空间的设计精髓所在。通过创意可以将餐饮空间变为物质和精神双重消费的场所。创意的来源是摸不到、看不见的虚无的东西。人的大脑是创意的来源、灵感涌现的关键。无论餐饮空间的主题如何不同，人们都是通过灵感来展开思维活动，经过互动后产生创意，使空间成为餐饮文化的延伸。

（1）以民族文化为设计主题

餐饮空间设计离不开地域性和民族性。民族文化在传承过程中应注重"神似而非形似"，通过不同角度来诠释并创新文化，将文化渗透到主题餐饮空间设计的各个层面上，让顾客通过菜品、服务、环境甚至一个很小的图案去感受民族文化的迷人魅力，使整个空间的表现力具有更深的延展性和文化性。（图 7-50、图 7-51）

（2）以形态元素为设计主题

人们对餐饮空间环境的认识是一种整体与细部之间的、反复交叉的思维过程。细部元素对人思维的强化，有助于人产生合理的联想与暗示。被赋予到空间中的形态元素应与企业文化、流行文化等相关联，可以是一种抽象元素、具象元素、技术性元素或装饰性元素等。主题元素的提取、变形、重构、再生、表达是此类餐饮空间设计的关键所在。（图 7-52、图 7-53）

图 7-50

图 7-51

（3）以特定环境为设计主题

以特定环境为主题，通过塑造个性的空间环境氛围，使目标顾客群获得富有个性的体验感受。这种追求"差异化"的个性行为，通过创造独特的"符号"来证明，一旦主题选择不当就会造成经营的高风险。因此，市场分析、主题的选择以及主题文化的深层次开发就显得尤为重要。（图 7-54、图 7-55）

图 7-52　　　　图 7-53

（4）以技术手段为设计主题

随着技术与材料的快速发展，在餐饮空间中借助声、光、电、多媒体等多种高技术手段，综合考虑技术、形式、结构的相互统一，通过技术再现真实的主题环境，可以带给人全新的视觉感受和情感的共鸣。（图 7-56、图 7-57）

图 7-54

图 7-55

图 7-56

图 7-57

2. 餐饮空间设计赏析

（1）案例一：英国伦敦的 Les+Deux+Salons 法式餐厅

设计公司：Spin Architecture

位置：伦敦

这家位于伦敦的 Covent Garden 区的法式餐厅，是由伦敦的西班牙籍女建筑师 Isabelle Chatel de Brancion 的事务所 Spin Architecture 和老牌设计师 Terence Conran 爵士合力设计。（图 7-58 至图 7-61）

图 7-58

图 7-59

图 7-60

图 7-61

（2）案例二：游牧生活方式的 Cheval 酒吧咖啡厅

设计公司：Ark4 lab Of Architecture

位置：希腊·塞萨洛尼基

在 Thessalonikis 市场的中心，Cheval 酒吧酒廊就隐于零售商铺之间。这是一个两层的酒吧咖啡厅，试图为人们在购物之余提供一个理想的短暂休息场所，尤其是对那些在物质中迷失的人。

一进入入口，一个马头的人行雕塑迎接着来到由人形混凝土制成的主吧台的顾客们。（图7-62）

从门口看酒吧，如图7-63所示。

进入酒吧，如图7-64所示。

生锈的墙壁，芦苇板，皮革座椅，垂悬的植物与木头和顶部折叠金属制成的参数化3D图案吊顶相结合形成了丰富多样的室内。这种用材方面粗犷而锐利的对比，打造了一个当代城市化的酒吧，在这里可以享受到精美的鸡尾酒和颇具风格的食物。（图7-65至图7-68）

图7-62

图7-63

图7-64

图7-65

图7-66

图7-67

图7-68

（3）案例三：佛山岭南新天地大鄂餐厅

设计公司：MAX马思设计（佛山）公司

项目地点：佛山市岭南新天地

建筑面积：314m²

主要材料：铁艺、涂料、木饰面、夹丝玻璃、陶瓷、灰砖餐厅的空间设计富有动感，线条分明，特点突出。在基调上除了强调禅意的质感和秩序，更希望用一种现代的概念去呈现情境空间，让空间体验产品的自然美学。多种自然朴质材料的运用来表达时尚，严谨干净！从环境方面看，位处佛山市中心禅城区的核心位置——岭南新天地内，毗邻全国有名的国家级文保单位东华里，坐拥全城景仰的崇高地位，是中国极少数典藏深厚历史底蕴的传统富人区。餐厅外墙的整体展现出颇具广东西关人家的风味，一楼透明的玻璃门面令一楼大厅与二楼结构一目了然，入门口处充满戏剧化元素的黄色几何铁艺屏风，使空间分割显得更加清晰明朗，用传统的元素结合现代感的色调，戏剧化的空间但又不失现代感。

餐厅墙面整体以白、灰的色调为主，地面采用艺术砖，天花设计采用对称形式，在吊顶的立体层次上丰富了餐厅的空间。餐厅的灯饰及桌椅风格展现出用简朴的物体和天然材料所营造的室内空间，使人的心境平和与安详，超然物外。在这自然、高简素的色调中，展现出的是一种简约之美，宁静却不失优雅，远离喧嚣，心境如禅。（图7-69至图7-74）

图7-69

图7-70

图7-71

图7-72

图7-73

图7-74

第八章 休闲娱乐空间

第一节 项目调研

1. 休闲娱乐空间项目调研分析

据调查，最常见的三大休闲类型有：文化娱乐类休闲、休闲旅游和怡情养性类。

（1）休闲方式上，十大公众休闲方式各占的比例依次是：①上网 69.1%；②看电视 56%；③看电影 50.9%；④阅读 46.5%；⑤观光游览 46.3%；⑥逛街购物 45.7%；⑦参加各种社交聚会 44.3%;⑧度假休闲 43.1%;⑨打游戏 40.4%;⑩球类运动 38.6%。

由此可见，上网是人们最常见的休闲方式。这不足为奇，因为随着互联网的发展，上网所占的比重越来越大，已成为如今中国人最常采用的休闲方式。由此可见，在商业空间设计中，网络资源及网络产品体验之处是必不可少的。

除上网之外，另一种热门的休闲方式是看电视和电影。在商业空间中，我们可以设定电影院和小型书吧供人们休闲，并可以提供一些免费阅读和观影场所，以此来吸引人气，因为人们对于文化生活的兴趣是比较大的，但它们的消费产品的价格是影响消费的主要制约因素。

我们在商业空间设计中，应进一步加强对电视、互联网等产业领域工作的部署，提供更加多样化、个性化的文化消费产品，让居民的公共文化生活更加丰富多彩，使商业文化产业整体升级。

（2）据调查，公众最喜欢光顾的休闲场所有：①公园 68.4%；②旅游景点 52.9%；③图书馆 43.5%；④商业街 38.8%；⑤影剧院 38.7%。公园成为公众最喜欢光顾的公共休闲场所，是人们最爱去的地方，这种喜爱度已经超过了旅游景点。但在商业空间设计中，我们应注意对商业空间的交通、餐饮、服务点等加强设计，因为消费者在在休闲旅游过程中，经常会对交通、景点门票、住宿、餐饮、购物及导游服务产生不满情绪。其中在导游服务方面，欺骗或强迫游客消费、态度差和擅自增减项目或更改路线，又是最难以忍受的。这些我们可以在前期的商业空间设计中就对其进行加强，并加强管理。

（3）据相关调研资料，居民对娱乐休闲项目的花费如下，月休闲花费：一线城市有 18% 的人每月休闲花费 1000~2000 元；将近一半 (43%) 的人每月在休闲上的花费在 500 元以下，另外有 35% 的人在 500~1000 元之间。四线城市中月休闲花费在 500 元以下的有 66% 的人，属全国最高。一线城市中有 18% 的人月休闲花费在 1000~2000 元之间，这主要是因为大城市人们收入较高，花费相对也较高。而小城市中大家的收入并不会很高，但生活压力较少，休闲费用也不会很贵，所以月花费相对较少。通过采访调查，居民普遍希望休闲场所的费用降低，其实商业活动的定价降低，不仅不会影响总的营业额，还会促进居民的消费人数和次数，可以大大提高消费力，增加营业额。希望在商业活动的策划中，商家可以在这方面进行改进和调整。

（4）人们更希望自己的休闲方式可以多样化。如今人们的生活不同于过去，那时候人们没有什么娱乐活动，一家几口围着"话匣子"，或者打扑克。但今天，人们的休闲娱乐方式追求更加多样和时尚，比如：打高尔夫、泡吧、养生、美容、健美健身、保健按摩等。随着经济的快速发展，人们生活水平的提高，休闲娱乐方式的需求将会越来越多样化，这要求我们在商业空间设计中不断地补充新的休闲娱乐类别，扩大视野。

2. 休闲娱乐空间项目调研实践内容

休闲娱乐场所是我们从小就开始出入的场所，我们在那里都觉得很开心、快乐、放松，可是我们却没有想过有一天我们自己去设计一个这样的空间，去深入地调研它、设计它，让它来满足公众的娱乐需求。下文是对休闲娱乐空间的一个调研形式列举，希望大家能对自己将要设计的某个休闲娱乐空间进行设计前期的调研工作。

调研时间：

XX 年 XX 月

调研地点：

XXX（休闲娱乐场所）

调研内容：

（1）调查 XXX 空间的平面布局：流线、空间划分、各区域面积比例等。

（2）调查装饰风格特点：顶面、地面、墙面、家具、设备的风格特点，如何融合等。

（3）调查照明方式设计：各个区域的不同照明方式，灯光的类型、强度、形式、颜色等。

（4）调查材料：地面材料、墙面材料、隔音材料等的选用。

（5）调查家具陈设的选择：家具的类型、颜色、形式、风格、用途等。

（6）调查色彩如何搭配：界面颜色、灯光颜色、家具颜色、设施颜色是如何搭配、融合、协调的。

调研问题分析：

（1）区位选择分析

调研此项目的交通、周边环境、消费需求等。

（2）主题定位和空间环境设计分析

分析该项目的主题、风格、创新、个性特征，空间的互动和过渡，寻找其与其他商业建筑的区别点。

（3）娱乐构成分析

分析该项目的娱乐设施、环境、音乐气氛、活动策划、环境氛围、拓客手段。这些娱乐构成要素都反映出该场所的性格特征。

（4）设备选择分析

评估该场所的设备的质量、安全性、可维修性及外观效果，有无娱乐新趋势的前景，找出该场所的一到两个具有重要吸引力的主打娱乐设备。

第八章 休闲娱乐空间

（5）人力资源分析

观察该场所的工作人员的服务态度，该场所对工作人员的培训机制，包括培训方案、岗位轮班制度、激励奖赏制度等。

（6）全面的管理信息系统分析

观察该场所的设备和器械的运转状态，对其各项工作指标进行分析比较。

（7）行销方式分析

分析该场所的产品定位、价格策略、交叉行销计划等、营销宣传、活动演出等，考察其是如何来吸引顾客的。

第二节 休闲娱乐空间规划

如今，最常见的休闲娱乐场所中，酒吧、游泳池、健身房是最典型的休闲娱乐空间，本节将以酒吧和游泳池空间为例对休闲娱乐空间规划进行介绍。

图 8-1

1. 酒吧设计与规划

酒吧装修设计是比较独特的，特别是在空间设计上（图 8-1）。我们先谈谈酒吧的布局原则。

（1）酒吧空间布局、大小要合理，如果空间过大会给人空荡的感觉，过小又会使客人感到拥挤和杂乱无章，所以，我们要注意权衡。

（2）酒吧过道不易过窄，尺寸应方便人的行走。

（3）注意酒吧中吧台位置的选择，它是酒吧的核心功能，客人进入酒吧要能看到吧台的位置，感觉到吧台的存在。吧台所处位置不仅应该对客人来说都要能提供快捷的服务，还要便于服务员的服务。

酒吧空间设计不仅仅要商业化，还要有艺术美感。

酒吧的空间有封闭型，有动态型，有开放型。

封闭空间是内向的，具有很强的领域感、私密性，在不影响特写的封闭机能下，为了打破封闭的沉闷感，经常采用灯窗，来扩大空间感和增加空间的层次。

动态空间引导大众从动的角度看周围事物，把人带到一个由时空相结合的第四空间，比如光怪陆离的光影、生动的背景音乐。

我们在设计酒吧空间时，要根据每个空间不同的性质来合理组织，使酒吧的空间给人以生动、丰富，雅致的感觉。让来酒吧娱乐的客人有自由快乐的感觉，这方面我们设计者必须下功夫。

具体的酒吧的空间规划情况，如表 8-1 所示。

表 8-1　酒吧设计规划

空间名称	空间作用	设计要点
广泛的柜台服务	服务吧台用来满足剧院和娱乐场所比较集中的需求	有多个服务点，给人群和排队留出空间
有限的柜台空间	休息厅和夜总会的酒吧间，比柜台服务空间有更多的座位	对于这一区域所举行的活动是一种补充，其设计要利于社交活动
可以消遣并彼此表示亲热的间接活动	鸡尾酒酒吧，宾馆中独具特色的顾客酒吧间及酒馆等饭店和休息厅，为等待服务的顾客分发食品	突出某种特色，其设计要吸引大家的兴趣，小型柜台区域，将工作的存储空间都隐蔽起来，具有实用性
食品和饮料服务区	提供柜台服务	小型烹饪设备，柜台的一部分用来陈列食品及进行食品服务
可移动柜台	暂时搭起，为会议、宴会、舞会以及户外餐会提供服务	柜台下面存放食品的空间以及便携式设备
吧台	通常是人们注意的焦点	设计要引人注目，满足实际需求

2. 游泳池设计与规划

图 8-2

游泳池是我们很多人喜欢去的场所，但是目前很多游泳池的设计缺乏新颖性，规范指标不达标。因此，我们需要在游泳池的设计上作出一些研究和创意。（图 8-2）

游泳池的开设主要是为市民营造一个好的放松环境，它包括游泳区、水上乐园、海滨浴场等。它是大人和小孩运动和游玩的场所，也是邻里之间交往的活动纽带。它还能美化环境，比如一些极具观赏价值的游泳池的造型和水面等，就是一道靓丽的风景线。

以下是编者查阅的游泳池设计的一些主要规范，供大家学习：

首先是尺寸规范。标准的游泳池设计与一般的泳池设计在尺寸的要求上是有区别的。标准的游泳池长 50 米，宽 21 米，奥运会和世界锦标赛要求宽 25 米，另外还有长度只有一半即 25 米的游泳池称为短池。

水深大于1.8米。有8个泳道，每道宽2.5米，边道另加0.5米，两泳道间有分道线，分道线用浮标线分挂在池壁两端，池壁内设挂线钩，池底和池端壁应设泳道中心线，为黑色标志线。

其次是游泳池水处理规范。游泳池水处理分物理过程和化学过程两部分，这两个过程在游泳池水处理过程中缺一不可。物理过程是游泳池水通过循环水处理设备的过滤作用使池水得到净化。化学过程是指在池水循环的同时加入化学药剂对其进行消毒、絮凝、除藻等处理，再通过物理过程的作用使池水清洁又卫生。除此之外我们还应该注意泳池水的处理，游泳池的水处理分为两个部分，即游泳池的循环水处理和溢流回用水处理。一般采用以下工艺流程。对于原游泳池循环水采用直接过滤后投加消毒剂处理，消毒剂采用次氯酸钠消毒液，由次氯酸钠发生器现场制备提供。而游泳池溢流水，只要循环管道设计没有缺陷，避免了由于系统缺陷造成的浪费用水，这样就只有正常范围内的溢流水。

再次是泳池消毒规范。游泳池水消毒是一个非常重要的问题，如果解决不好，游泳池便可能成为传播疾病的场所。游泳池中水温相宜，是伤寒、副伤寒、痢疾、肝炎、急性结膜炎、脓疱病等致病菌的适宜生长环境，肝炎病毒、脑炎病毒往往是通过水的途径来传播疾病，所以关于池水的消毒工作一定要做好。

关于游泳池的空间规划的具体情况，如表8-2所示。

表8-2 游泳池的空间规划

位 置	不必经过大堂，可有电梯进入；城市酒店的游泳池一般位于室内，度假酒店的游泳池一般位于室外，如海边、沙滩或花园的背景之中，可作为客房、咖啡厅、酒吧的一个观赏点；无论是室内还是室外，游泳池要遮挡外部视线，保证私密性
朝 向	尽可能受到阳光的照射，从早晨到傍晚，在有猛烈的季风的情况下要屏蔽
规 格	大型酒店和度假区，游泳池规格一般为25m×12.5m；大型酒店，规格可为15m×8m；小型酒店，游泳池规格一般为9m×4.5m
甲 板	离出游泳池的地方至少有1.2m的间隔；从包括日光浴的3.2m宽增加到大型游泳池的6.2m宽
深 度	用符号标记。缓坡0.9~1.8m，加深到2.4m或统一为1.2m；跳水区必须加深
排 水	泳池溢出的水由嵌入式的外侧管道或表面的隔栅排出
配 套	淋浴区、衣柜、更衣室、毛巾用品、车间和设备配有服务通道、保安设备、电话和急救室

第三节 休闲娱乐空间细部设计

一个空间的细部设计影响着整个空间的统一性，它与周围的环境以及各种因素都有着千丝万缕的关系，是设计师对整个空间的一种情感发挥和表达方式，微小的局部决定着整个空间的效果。近年来，休闲娱乐商业一片繁荣，此项设计任务应接不暇，但精心创作的休闲娱乐空间作品却不多，原因在于设计师对建筑细部处理不够重视，导致从方案创作到施工图设计阶段，对建筑细部设计的表达与把握能力不强，对材料与构造技术认识不足，进而导致了空间品质大打折扣。作为当代建筑师，我们一定要意识到：好的方案构想只有落实到精确细部的设计才能构造一个出色的空间设计。下文我们对休闲娱乐空间的细部设计施工规范进行说明，并以KTV细部为例，对休闲娱乐空间的细部设计思路做一些说明。

1. 休闲娱乐空间细部设计施工规范

我们在休闲娱乐空间设计中应注意它的细节设计，应对各个部分的设计和施工细节进行研究，下文我们以地面细部为例，对休闲娱乐空间的细部施工要点进行一些说明，着重讲一下它的地面细节施工要点。

休闲娱乐空间的地面大堂常用板厚20毫米左右，目前也有薄板，厚度在10毫米左右，适于家庭装饰用。每块大小在300 mm×300 mm~500 mm×500 mm，可使用薄板和1∶2水泥砂浆掺107胶铺贴。

它的基本工艺流程如下：

清扫整理基层地面—水泥砂浆找平—定标高、弹线—选料—板 材浸水湿润—安装标准块—摊铺水泥砂浆—铺贴石材—灌缝—清洁 —养护交工。

在施工时，我们要注意如下几点：

①先要把基层处理干净，凿平和修补高低不平处。

②石材铺装时应安放在十字线交点，对角安装。

③铺装时要注意挂线。

④铺装后要注意养护。

⑤铺贴前将板材进行试拼，对花、对色、编号，以使铺设出的地面花色一致。石材必须浸水阴干，以免影响其凝结硬化，发生空鼓、起壳等问题。铺贴完成后，2~3天内不得上人。

不同类型地砖的分类细节介绍

（1）彩色釉面砖类（同8-3）

处理基层—弹线—瓷砖浸水湿润—摊铺水泥砂浆—安装标准块 —铺贴地面砖—勾缝—清洁—养护。

（2）陶瓷锦砖（马赛克）类（同8-4）

处理基层—弹线、标筋—摊铺水泥砂浆—铺贴—拍实—洒水、揭纸—拨缝、灌缝—清洁—养护。

图 8-3

图 8-4

图 8-5　　　　　　　　　　　　　　　　　　　　图 8-6

(3) 木地板类（同 8-5、同 8-6）

现在大多采用高分子粘结剂，将木地板直接粘贴在地面上，这种做法是错误的，在混凝土结构层上应该用 15mm 厚 1 ∶ 3 水泥砂浆找平。各类木地板的细节施工方法如下：

实铺式木地板，木格栅的间距一般为 400mm，中间可填一些轻质材料来减低人行走时的空鼓声，改善保温隔热效果。地板之间的交接处用踢脚板压盖，并在踢脚板上开孔通风。

架空式木地板高度较低，很少在家庭装饰中使用。在施工时要注意在地面先砌地垄墙，然后安装木格栅、毛地板、面层地板。

2. 休闲娱乐空间细部设计实例——KTV 细部设计思路

(1) 基调

我们在设计 KTV 前首先要确定其细部构造设计的基调。基调很重要，既要让 KTV 整体统一在一个大的环境基调中，又要体现它的独特感觉和风格。比如，要体现出"粗拙古朴的厚重"和"精巧典雅的厚重"的细微的区别。这些深化的感觉，要在深化细部设计的构思过程中发掘和表达出来。（图 8-7）

(2) 材料

我们要知道，材料的分割尺度，既影响效果也影响造价。一般尺寸较小的效果较碎，价格也就较低。所以，我们在选定 KTV 装饰装修细部构造的材料过程中，首先要确定材料的颜色、质感等，材料防火性能和环保性能也是非常重要的，不要留下安全隐患。(图 8-8)

(3) 各部分的摆放讲究和风水

KTV 装修设计风水讲究事项，是很需要我们去注意的地方。比如，KTV 的大门一般来说都代表着店面的形象，想要给 KTV 打造一个良好的装修设计空间，营造一个好的经营氛围，为好的经营收益助力，在装修工程项目中，一些大门的风水忌讳，需要我们多去注意。有的 KTV 为了给空间带来一个好的呈现效果，并且方便消费者，会在大门附近设置一些镜面的装修工程，虽然看起来效果不错，但是，从风水角度来看，

图 8-7

图 8-8

这些设计会将KTV的财气给反射出去，所以在设计的时候，就要尽量避免才是。（图8-9）

图8-9

(4) 尺寸

细部尺寸是否合理影响整个空间的协调性。KTV设计细部构造尺寸要注意以下几个方面的内容：

第一，地面要避免用边角料拼凑的感觉。地面净尺寸最好由整倍数块材料组成，迫不得已时也不能留出小于一半的边条，不然会不雅观。

第二，当某部分要用若干种材料叠加时，要注意其厚度与周边平面的关系，避免出现高低错乱的现象。

第三，当某些细部设备和构造下面要通行电路等设备时，要为其留出足够尺寸。

(5) 辅助设施

辅助设施是技术要素的整体设计。KTV细部构造设计中所谓技术要素设计是指在KTV装饰设计中要处理好通风、采暖、噪声、视听等诸多技术要素。

第四节 休闲娱乐空间创意与表达

1. 休闲娱乐室内空间创意表达的意义与实例

现代休闲娱乐空间设计的宗旨是满足消费者的精神和娱乐需求，适应当代社会、经济、文化、科学技术的繁荣发展，它的创意与设计体现出人类生存理念的更新并转换为物质与精神的多元主题空间的需求，所以设计师需对休闲娱乐空间倾全力设计并不断进行理念的创新。

在一个休闲娱乐空间的作品中反映着设计师的创意思想、思维过程以至于文化之内涵。一个有创新性的休闲娱乐空间创造了一个人类休闲娱乐活动的新的方式。

设计是一种创造性活动，"创意"即为"创造"新的空间活动方式，创造出能够解析人的精神世界并打造新的休闲娱乐方式的空间，并赋予特定的材料、色彩、陈设品以及与主题相宜的空间布局。

(1) 实例1

图8-10所示的餐厅用餐环境采用了借景的手法，于室内的四壁绘制以自然为主题的宜人的田园风光，从而使狭小的空间得以无限扩展延伸并投身于大自然的怀抱之中，墙面书画环境塑造了"空间"中的"空间"

之妙趣。此餐厅注重环境的创意性，注重以装饰艺术品形式表达室内空间主题氛围。

（2）实例2

图8-11所示的这个创意是美国某医疗机构中的"静思室"，它的装饰风格和医院整体不大一样，设计师创造的这个特别的空间是专门为患者及其亲属思考问题和短暂休憩的空间，它渲染了"静"的主题，它颇具透射力色彩的艺术装置，绿色的色彩，流线的造型，使病人来到医院，减弱对此处的恐惧心理，油然升腾强烈的生活之欲望和建立征服病魔、恢复健康自信心的视觉感受，表现一种绿色心情。

图8-10

图8-11

2. 休闲娱乐室内空间创意表达的程序

通常，我们做一个休闲娱乐空间项目，如何来把我们的创意和设计表达出来呢？完成它的所有程序，通常有以下内容：

（1）项目封面

封面上应有：工程名称、图纸的性质、设计单位名称、时间等内容。（同8-12）

（2）项目设计说明

可以从这两方面来写设计说明：①介绍项目的位置、功能、风格、实施手法等；②介绍项目使用的材料性能、工艺程序、建造参数等 内容。

（3）项目的整套图纸目录

它包括图纸顺序号、图纸名称、页码三部分。

（4）平面图

包括空间布局、地面铺装形式、交通流线、家具陈设摆放、墙壁和门窗位置等内容。在具体设计时，平面功能布局和地面材质应该分开。平面图通用比例为1：50，1：100，1：150，1：200。

（5）顶面图

顶面图内容包括吊顶材质、造型及尺寸、灯具及位置和空调风口位置等。它常用图比例为1：50，1：100，1：150，1：200。

图8-12

(6) 立面图

立面图要清楚地表现出室内立面门窗、壁面、壁橱等结构的设计形式和构造,但可以不表现能移动的家具和设施。它常用比例为 1∶20,1∶30,1∶50。但我们在绘制立面图时应注意:

① 立面图中门的开启方向用虚线表示。

② 绘图比例要统一,编号是按顺时针方向排。

③ 应标出剖面或大样索引符号。

④ 多个立面节点同时表达时,应用切断符号标识,并用直线连接它们。

(7) 大样图、剖面图

大剖面图主要是用于绘制吊顶、墙立面等具体节点。

它的常用图比例是 1∶1,1∶2,1∶5,1∶10,1∶200。

绘制剖面图时应注意:

① 所有图纸中的剖切符号要与其剖面大样图上的保持一致

② 都应标注各部分的尺寸、材质及做法。

(8) 透视效果图

透视效果图不一定非要用电脑制图来完成,它也可以手绘表现。

电脑效果图看起来一目了然,非常直观,能呈现出照片效果。但是它的绘制速度较慢,过程比较机械,画面没有手绘图表现生动,不利于灵感的爆发。(图 8-13、图 8-14)

手绘效果图在绘制的过程中,会有很多新意和灵感的出现。它的特点是生动、概括,表现速度比电脑效果快,更能展示设计师的才气和艺术修养。常用的工具有马克笔、彩铅结合钢笔绘图等。

图 8-13

图 8-14

参考文献

[1] 卫东风. 商业空间设计. 上海：上海人民美术出版社，2016.

[2] 洪麦恩，唐颖. 现代商业空间艺术设计. 北京：中国建筑工业出版社，2006.

[3] 程大锦. 建筑：形式、空间和秩序. 天津：天津大学出版社，2008.

[4] 林恩·梅舍. 商业空间设计. 张玲等译. 北京：中国青年出版社，2011.

[5] 李禹，范文南. 商业空间设计与实训. 沈阳：辽宁美术出版社，2014.